汽柴油应用与质量管理

主　编　郭飞鸿
副主编　王维民

中国石化出版社

内容提要

本书主要介绍汽柴油的质量特点、汽柴油常用的添加剂的性能及作用、汽柴油发动机和环保法规对油品的质量要求、汽柴油主要理化指标及意义、车用乙醇汽油的调和方法及变性燃料乙醇和车用乙醇汽油储运管理要求、煤制汽柴油工艺原理以及和石油炼制汽柴油的区别、国内和欧美汽柴油质量标准、汽柴油在采购、运输、储存、出库、销售全过程质量管理、质量监督抽查的分类和管理要求。

本书内容丰富，实用性强，可供油品质量管理人员和销售人员阅读。

图书在版编目(CIP)数据

汽柴油应用与质量管理/郭飞鸿主编.
—北京：中国石化出版社，2017.5(2023.2重印)
ISBN 978-7-5114-4466-0

Ⅰ.①汽…　Ⅱ.①郭…　Ⅲ.①汽油-质量管理-研究
②柴油-质量管理-研究　Ⅳ.①TE626.2

中国版本图书馆CIP数据核字(2017)第117998号

中国石化出版社出版发行
地址:北京市东城区安定门外大街58号
邮编:100011　电话:(010)57512500
发行部电话:(010)57512575
http://www.sinopec-press.com
E-mail:press@sinopec.com
北京富泰印刷有限责任公司印刷
全国各地新华书店经销
*
787×1092毫米16开本10.25印张216千字
2017年6月第1版　2023年2月第2次印刷
定价:40.00元

《汽柴油应用与质量管理》
编 委 会

主　　编　郭飞鸿

副 主 编　王维民

编写人员　(按章节顺序)

王建伟　王福江　张新昌　赵　杨　赵　玲

罗穗瑶　毛　忠　付大国　唐德寿　杨志明

审稿人员　王维民　郑　斌　宋利军　乔双喜　詹月辰

徐　敏　郑东前

前　言

随着汽车保有量的不断增长，汽车已走进亿万寻常百姓家，汽车时代的到来，使汽柴油的消费量和消费人群逐年攀升。汽柴油的质量不仅是社会关注的话题，更是汽柴油生产和销售企业视若生命并永恒追求的目标。近年来，随着汽柴油质量升级步伐的加快，汽柴油产品质量标准不断更新，使成品油销售企业的质量管理人员、销售人员、油品采购和储运保管人员迫切需要掌握和更新汽柴油质量管理知识以满足工作需要。本书从汽柴油炼制以及不同炼制工艺下产品的质量特点等基础理论入手，围绕发动机与油品质量及排放的关系，深入浅出、化繁为简地阐述了油品与发动机的适应性、油品组成与排放的关联水平；在介绍汽柴油理化指标的同时，着重介绍了理化指标对发动机使用的意义，并穿插和引用了大量的实际案例，对实际工作有较强的指导性；在质量管理部分，本书将供应链质量管理理论融入汽柴油采购、运输、储存、销售以及售后全过程质量管理的每个细节管理中，理论联系实际，其成熟、先进、系统的管理模式具有较强的可借鉴性；对乙醇汽油、煤制汽柴油等可再生能源和新能源的质量特性和管理也作了系统阐述，为旨在推动可再生能源和新能源销售的企业提供参考依据。本书可供油品销售企业质量管理和销售人员阅读，也可作为成品油销售企业质量管理人员培训教材。

本书由中国石化销售有限公司从事多年质量策划和质量管理工作的郭飞鸿同志任主编、王维民同志为副主编，由各省市石油分公司长期从事质量管理、具有丰富理论和实际经验的人员组成编写小组负责相关章节的编写。

由于编写者水平和经验有限，不足之处在所难免，诚望广大读者和专家批评斧正。

编　者

目　　录

第1章　汽柴油的炼制

1.1　汽柴油常见炼制工艺及对产品质量的影响

1.1.1　原油评价及炼油装置基本知识

1.1.1.1　原油评价方法概述

原油评价一般是指通过各种实验和分析，取得对原油性质的全面认识。确定一种原油的加工方案是炼厂设计和生产的首要任务，人们根据所加工原油的性质、市场对产品的需求、加工技术的先进性和可靠性以及经济效益等方面的大量信息，进行全面的综合分析、研究对比，制订出合理的加工方案。在上述的诸多考虑因素中，原油性质是最基本的因素。

原油评价按其目的不同，分为3个层次：

(1) 简单评价

通过简易蒸馏，了解原油的一般性质，初步确定原油的类别及特点，适用于原油性质的普查。

(2) 常规评价

原油的性质分析，原油的实沸点蒸馏，窄馏分的性质分析。对原油进一步的了解，掌握原油的一般性质，不同沸点范围的馏分分布，窄馏分的化学物性。为一般炼厂的设计提供基础数据。

(3) 综合评价

除了上述两项内容外，还包括直馏产品的产率和性质。也可以确定重油或渣油的可加工性能。为综合性炼厂设计提供设计数据。

原油评价流程如图1-1所示。

1.1.1.2　原油的分类方法

不同地区和不同地层所开采的原油，从化学组成和物理性质来看，有一些彼此很相似，在加工过程中所遇到的问题也很相似。因此人们研究原油的合理分类方法，以便按一定的指标对原油进行分类。由于原油的组成十分复杂，对原油的确切分类是十分困难的。概括地说，原油可以按地质、化学、物理及工业等观点分类。广泛应用的是化学分类法和工业分类法。

(1) 化学分类法

原油的化学分类以化学组成为基础。化学组成不同是原油性质差异的根本原因，因此化学分类比较科学，相对比较准确，应用比较广泛。但原油的化学组成分析比较复杂，所以，通常是利用与化学组成有关联的物理性质作为分类依据。化学分类法有关键馏分特性分类法、特性因数分类法、相关系数分类法、结构族组成分类法等。

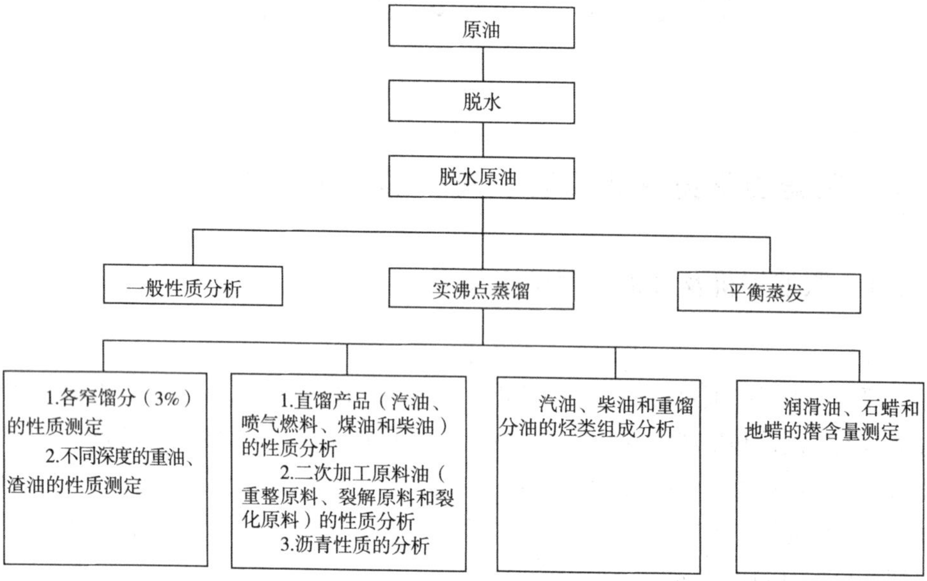

图 1-1　原油评价流程

①特性因数分类。石油的组成主要是复杂的烃类混合物，人们在研究各族烃类的性质时发现：将各族烃类的沸点的立方根对相对密度作图，都近似直线，但其斜率不同，因此将此斜率命名为特性因数 K：

$$K = \frac{1.216T^{1/3}}{d_{15.6}^{15.6}}$$

式中　T——油品平均沸点的绝对温度，K；

$d_{15.6}^{15.6}$——原油在 15.6℃下对同温度下水的相对密度。

由以上公式可见，在平均沸点相近时，K 值取决于其相对密度，相对密度越大则 K 值越小。我国原油大多有较高的 K 值。

人们研究了数十种原油的馏分油性质，发现特性因数 K 能反映原油的化学组成性质，可对原油进行分类。采用特性因数对原油进行分类如下：

石蜡基原油——特性因数 $K>12.1$

中间基原油——特性因数 $K=11.5\sim12.1$

环烷基原油——特性因数 $K=10.5\sim11.5$

石蜡基原油烷烃含量一般超过 50%。其特点是密度较小，含蜡量较高，凝点高，含硫、含胶质量低。这类原油生产的汽油辛烷值低，柴油十六烷值较高，生产的润滑油黏温性质好。大庆原油是典型的石蜡基原油。环烷基原油一般密度大、凝点低。生产的汽油环烷烃含量高达 50% 以上，辛烷值较高；喷气燃料密度大、凝点低，质量发热值和体积发热值都较高；柴油十六烷值较低；润滑油的黏温性质差。环烷基原油中的重质原油，含有大量胶质和沥青质，可生产高质量沥青，如我国的孤岛原油。中间基原油的性质介于石蜡基和环烷基原油之间。

②关键馏分特性分类。关键馏分特性分类以原油的两个关键馏分的相对密度为分类标准。用原油简易蒸馏装置，在常压下蒸馏得 250 ~ 275℃ 馏分作为第一关键馏分，残油用不带填料柱的蒸馏瓶，在 5.3kPa 的残压下蒸馏，切取 275 ~ 300℃ 馏分（相当于常压下395 ~ 425℃ 馏分）作为第二关键馏分。测定两个关键馏分的相对密度，对照表 1-1 中的相对密度分类标准，确定两个关键馏分的类别为石蜡基、中间基或环烷基。然后按表 1-2 确定该原油所属类型。关键馏分也可取实沸点蒸馏装置蒸出的 250 ~ 275℃ 馏分作为第一关键馏分，取 395 ~ 425℃ 馏分作为第二关键馏分。

特性因数 K 值是根据关键馏分的中平均沸点和相对密度指数间接求得的，在关键馏分特性分类中，不用 K 值作为分类标准，仅作为参考数据。

表 1-1　关键馏分的分类指标

关键馏分	石蜡基	中间基	环烷基
第一关键馏分 (250 ~ 275℃)	d_4^{20} < 0.8210 相对密度指数 > 40 (K > 11.9)	d_4^{20} = 0.8210 ~ 0.8562 相对密度指数 = 33 ~ 40 (K = 11.5 ~ 11.9)	d_4^{20} > 0.8562 相对密度指数 < 33 (K < 11.5)
第二关键馏分 (395 ~ 425℃)	d_4^{20} < 0.8723 相对密度指数 > 30 (K > 12.2)	d_4^{20} = 0.8723 ~ 0.9305 相对密度指数 = 20 ~ 30 (K = 11.5 ~ 12.2)	d_4^{20} > 0.9305 相对密度指数 < 20 (K < 11.5)

表 1-2　关键馏分分类类别

序　号	第一关键馏分的属性	第二关键馏分的属性	原油类别
1	石蜡基	石蜡基	石蜡基
2	石蜡基	中间基	石蜡 - 中间基
3	中间基	石蜡基	中间 - 石蜡基
4	中间基	中间基	中间基
5	中间基	环烷基	中间 - 环烷基
6	环烷基	中间基	环烷 - 中间基
7	环烷基	环烷基	环烷基

（2）工业分类

原油工业分类也称为商品分类，可作为化学分类的补充，在工业上也有一定的参考价值。分类的根据包括：密度、硫含量、氮含量分类、蜡含量分类、胶质含量分类等。国际市场原油计价标准是按 API 度和硫含量来计价的，API 度大，硫含量低的原油价格相应较贵。

①按原油的相对密度分类

(a) 轻质原油——相对密度（d_4^{20}）< 0.8510；

(b) 中质原油——相对密度 (d_4^{20}) 0.8510~0.9300;

(c) 重质原油——相对密度 (d_4^{20}) 0.9300~0.9960;

(d) 特稠原油——相对密度 (d_4^{20}) >0.9960。

这种分类比较粗略，但也能反映原油的共性。轻质原油一般含汽油、煤油、柴油等轻质馏分较高；或含烷烃多，含硫及胶质较少。如青海原油和克拉玛依原油。有些原油轻质馏分含量并不多，但由于含烷烃多，所以密度小，如大庆原油。

重质原油一般含轻馏分和蜡都较少，而含硫、氮、氧及胶质沥青质较多。如孤岛原油、阿尔巴尼亚原油。

②按原油的含硫量分类

(a) 低硫原油——硫含量<0.5%;

(b) 含硫原油——硫含量为0.5%~2.0%;

(c) 高硫原油——硫含量>2.0%。

③按原油的含蜡量分类

(a) 低蜡原油——含蜡0.5%~2.5%;

(b) 含蜡原油——含蜡2.5%~10%;

(c) 高蜡原油——含蜡>10%。

我国目前通常是采用关键馏分特性，补充以硫含量的分类。

④API度。API度又称相对密度指数，是美国石油学会（简称API）制订的用以表示石油及石油产品密度的一种量度。其标准温度为15.6℃（60°F），它和15.6℃时的相对密度（与水比）的关系为：API度＝（141.5/相对密度）－131.5

由上式可知，API度愈大，相对密度愈小。目前，国际上把API度作为决定原油价格的主要标准之一。它的数值愈大，表示原油愈轻，价格愈高。

1.1.1.3 国内外主要原油的性质特点和加工方案

(1) 我国主要原油的性质和特点

我国产量较大的原油可分为三种类型：

①石蜡基原油

(a) 油田。大庆、吉林、中原、青海等；

(b) 原油特点。硫含量低，镍和钒含量不高，残炭低，沥青质含量低，蜡含量高，凝固点高。

②中间基与石蜡－中间基原油

(a) 油田。胜利、辽河、大港等；

(b) 原油特点。蜡含量低，镍含量高。

③环烷基和环烷－中间基原油

(a) 油田。孤岛、单家寺、羊三木、高升等；

(b) 原油特点。密度大，蜡含量低，凝点低，胶质、残炭、酸值、镍含量高。

（2）主要进口原油的性质和特点

①中东原油。轻质油收率高，氮含量低，硫含量高，蜡含量低，凝点低，金属含量高，钒高镍低，胶质含量低，残炭和沥青质含量高。基本属于含硫和高硫中间基原油，适于多产柴油和沥青

②亚太地区原油。轻质油收率高，硫含量低

③西非原油。一般属于低硫石蜡基原油，轻质油收率高，硫含量低

④ 俄罗斯原油。轻质油收率高，凝点低。

（3）几种类型原油加工特点

①低硫石蜡基原油以大庆原油为代表，其加工特点为：

（a）由于原油含硫少，氮含量不高，轻质直馏产品基本不需要精制；

（b）减压馏分是催化裂化的优质原料，是生产润滑油的优质原料；

（c）由于蜡含量高，是生产石蜡的优质原料；

（d）轻馏分油饱和烃含量高，作为裂解原料，乙烯收率高；

（e）由于减压渣油的残炭低，杂质少，可以作为催化裂化原料。

②中间基原油。以胜利、辽河等原油为代表，其加工特点：

（a）直馏汽油芳烃潜含量较高，适于作为催化重整原料。其直馏产品酸度高，一般需要精制；

（b）减压馏分油中，烷烃含量低，作为催化裂化原料，生焦量大，柴油十六烷值低，需要改质，各馏分的芳烃含量都较高，不适合作裂解原料；

（c）渣油可以生产沥青。

（4）原油加工方案的确定

原油的综合评价结果是选择原油加工方案的依据。根据目的产品的不同，原油加工方案大体上可以分为三种基本类型：

①燃料型。主要生产用作燃料的石油产品。减压馏分油和减压渣油除了生产部分重质燃料油外，还通过各种轻质化过程转化为各种轻质燃料。如中石化塔河分公司等。

②燃料－润滑油型。除了生产用作燃料的石油产品外，部分或大部分减压馏分油或减压渣油还被用于生产各种润滑油产品。如荆门石化分公司等。

③燃料－化工型。除了生产燃料产品外，还生产化工原料及化工产品，例如某些烯烃、芳烃、聚合物的单体等。这种加工方案体现了充分合理利用石油资源的要求，也是提高炼厂经济效益的重要途径，是石油加工的发展方向。国内大多数炼厂属于这一类型，如中石化镇海分公司、燕山分公司、茂名分公司等。

1.1.1.4　炼油厂的构成

炼油厂主要由两大部分组成，即炼油生产装置和辅助设施。从原油生产出各种石油产品一般须经过多个物理的及化学的炼油过程。通常，每个炼油过程相对独立地自成一个炼油生产装置。在某些炼油厂，从有利于减少用地、余热的利用、中间产品的输送、集中控制等考虑，把几个炼油生产装置组合成一个联合装置。下面主要对生产装置做简要介绍。

各种炼油生产装置大体上可以按生产目的分为以下几类：

(1) 原油分离装置

原油加工的第一步是把原油分离为多个馏分油和渣油，因此，每一个常规的炼油厂都应有原油常减压蒸馏装置。在此装置中，还应设有原油脱盐脱水设施。

(2) 重质油轻质化装置

为了提高轻质油品收率，须将部分或者全部减压馏分油及渣油转化为轻质油，此任务由裂化反应过程来完成，如催化裂化、加氢裂化、焦化等。

(3) 油品改质及油品精馏装置

此类装置的作用是提高油品的质量以达到产品质量指标的要求，如催化重整、加氢精制、电化学精制、溶剂精制、氧化沥青等。加氢处理、减黏裂化也可归入此类。

(4) 油品调和装置

为了达到产品质量要求，通常需要进行馏分油之间的调和（有时也包括渣油），并且加入各种提高油品性能的添加剂。油品调和方案的优化对提高现代炼油厂的效益具有重要作用。

(5) 气体加工装置

如气体分离、气体脱硫、烷基化、C_5/C_6 异构化、合成甲基叔丁基醚（MTBE）等。

(6) 制氢装置

在现代炼油厂，由于加氢过程的耗氢量大，催化重整装置的副产氢气不敷使用，有必要建立专门的制氢装置。

(7) 化工产品生产装置

如芳烃分离、含硫化氢气体制硫、某些聚合物单体的合成等。

由于生产方案不同，各炼油厂包含的炼油过程的种类和数目，或者说复杂程度会有很大的不同。一般来说，规模大的炼油厂其复杂程度会高些，但也有一些大规模的炼油厂的复杂程度并不高。

1.1.1.5 炼油装置工艺流程

一个炼油厂或一个炼油装置的构成和生产程序可用工艺流程图来描述。炼油生产是自动化程度较高的连续生产过程，正确设计的工艺流程不仅可以保证正常生产，而且对提高效益有重要的作用。

根据使用目的和描述范围的不同，炼油厂的工艺流程大体上可分为全厂生产工艺流程图、生产装置工艺原理流程图、炼油装置工艺管线－自动控制流程图三类。其中工艺流程图是炼油厂和炼油装置的最基本的技术文件，此图反映了炼油厂的生产方案、各生产装置之间的关系。图 1-2 为某燃料型炼油厂的全厂生产工艺流程图。

本章按照一次加工、二次加工、精制的顺序，依次介绍常减压蒸馏、催化裂化、焦化过程、催化加氢、催化重整、催化裂化汽油吸附脱硫（S Zorb）、高辛烷值组分的生产（烷基化、异构化、醚化）工艺等装置进行了简单介绍。

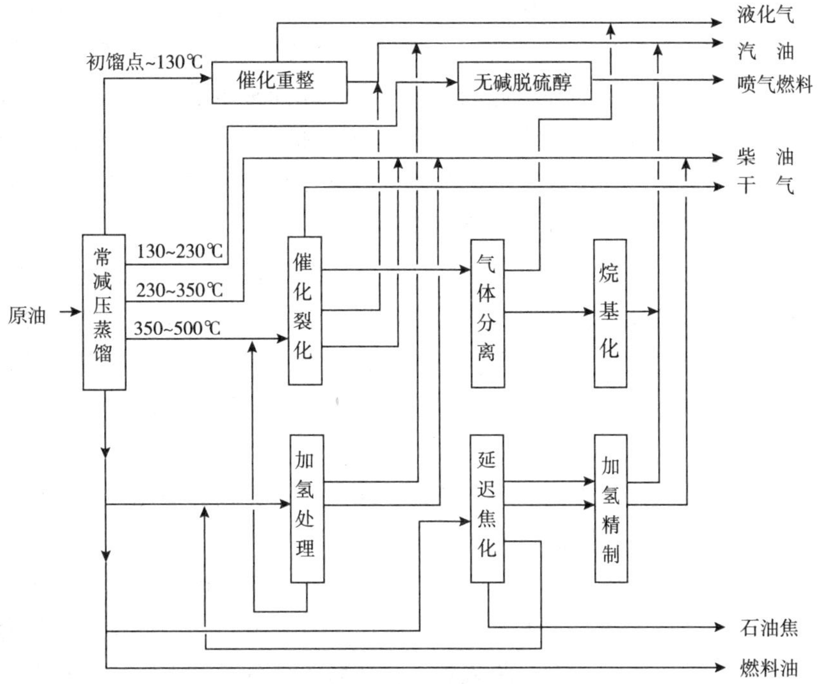

图 1-2　某燃料型炼油厂的全厂生产工艺流程

1.1.2　常减压蒸馏

1.1.2.1　概述

石油是沸程极宽的复杂烃类混合物。要从石油中提炼出多种多样的燃料油、溶剂油、润滑油和其他石油化工产品，必须将石油分割为不同沸程的馏分，然后按照油品的使用要求，脱除这些馏分中的非理想组分，或者是经由化学转化形成所需要的组成，进而获得合格的石油产品。因此，炼油厂必须解决石油的分割和各种石油馏分在加工过程中的分离问题。蒸馏技术是复杂石油体系特征化最适宜的手段，也是石油加工最经济、最容易实现的分离方法，炼油过程第一道工序就是原油的常减压蒸馏，是依次使用常压和减压的方法，将原油按照沸程范围切割成汽油、煤油、柴油、润滑油原料、裂化原料和渣油。

1.1.2.2　常减压蒸馏的工艺原理及特征

原油从油田开采出来后，必须先在油田进行初步的脱盐、脱水，以减轻在输送过程中的动力消耗和管线腐蚀。但由于原油在油田的脱盐、脱水效果很不稳定，含盐量及含水量仍不能满足炼油厂的需求，因此在进行常减压蒸馏时，必须进行原油的预处理。原油经过电脱盐装置，脱盐和脱水后进入换热网络，加热到 180～230℃进入初馏塔，初馏塔塔顶生产重整料或汽油，塔底油进入换热网络，进行换热，换热终温达 290～308℃，然后经常压炉加热到 350～370℃后，进入常压塔。常压塔塔顶油和初馏塔塔顶油混合后进重整装置或汽油调和车间，常压塔侧线经过换热网络后，出装置作燃料油、溶剂油和化工原料产品；常压重油进入减压炉加热到 380～420℃后进入减压塔。减压塔各产品经过换热网络换热后出装置。

由于原油体系的特殊性，常减压蒸馏塔具有特殊的工艺特征。原油中的常压重油在高温时易于发生热裂化，热裂化产生的焦炭，尤其是胶质所产生的胶状炭易于堵塞塔设备，形成事故隐患。为了减少重质油在塔底的停留时间，原油常压塔和减压塔都采用了一次汽化工艺，相当于原料从蒸馏塔塔底进入，因此常压塔和减压塔都是一个仅有精馏段及塔顶冷凝系统的不完整精馏塔。为了保证产品的收率，常压塔和减压塔的产品方案制定都是按照常压炉和减压炉的最高不生焦加热温度制定的。

原油中350℃以上的高沸点馏分是润滑油馏分和催化裂化、加氢裂化等的原料，但是由于在高温下会发生分解反应，所以在常压塔的操作条件下不能获得这些馏分，而只能在减压和较低的温度下通过减压蒸馏取得。在现代技术水平下，通过减压蒸馏可以从常压重油中蒸馏出沸点约550℃以前的馏分油。减压蒸馏的核心设备是减压蒸馏塔及其抽真空系统。

由于常压蒸馏和减压蒸馏不同的工艺特征，从外形看，减压塔比常压塔显得粗而短。

1.1.2.3 常减压蒸馏装置的工艺流程

随着石油加工工艺、装备技术的发展，以及计算机全流程模拟技术和DCS先进控制技术的发展，常减压蒸馏技术获得很大发展。常减压装置一般包括电脱盐、常压蒸馏、减压蒸馏三部分，有些装置还有喷气燃料脱硫醇、初馏塔等部分。基本的常减压蒸馏工艺流程见图1-3。

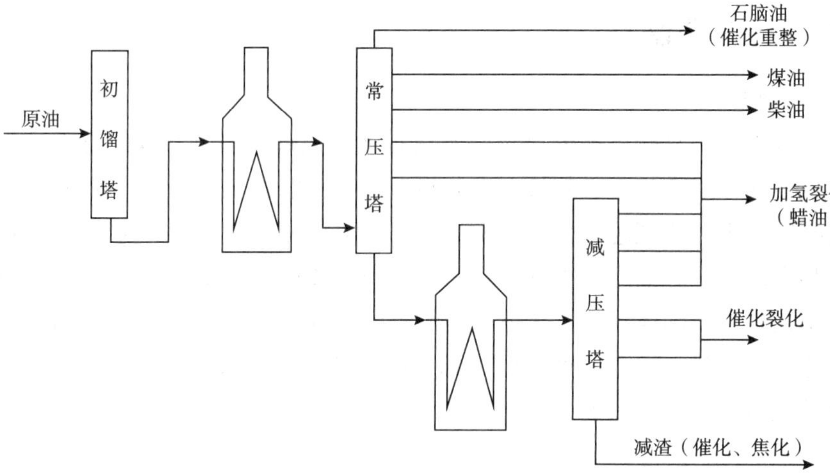

图1-3　基本的常减压蒸馏工艺流程

1.1.2.4 常减压蒸馏装置的主要产品及特点

根据所制定的原油加工方案，常减压蒸馏装置将原油分割成一次加工产品和二次加工原料。一次加工产品包括：直馏汽油、煤油、柴油馏分及各种润滑油馏分等，这些馏分油经过适当的精制和调和便成为合格的石油产品。二次加工原料包括：重整原料、催化裂化原料、加氢裂化原料、乙烯裂解料等，这些馏分油既可经过二次加工提高轻质油的收率和产品质量，也可以作为石油化工装置的生产原料。因此常减压蒸馏决定着整个石油加工过程的物料平衡，被誉为石油加工的“龙头”。

常减压蒸馏装置的主要产品有：汽油馏分、柴油馏分、煤油馏分、重油。

（1）汽油馏分

常压汽油馏分也叫做直馏汽油、石脑油、化工轻油等。其特点是不含烯烃，辛烷值低，性质稳定。通常石脑油市场价格低于车用汽油，因此利用石脑油和化工助剂调和车用汽油已成为一些企业增加成品油利润的重要方式。石脑油用作重整原料的工艺流程将在催化重整装置中进行详细介绍。

（2）柴油馏分

也叫直馏柴油，一般密度低，十六烷值较高。

（3）煤油馏分

一般常压装置生产的喷气燃料均须经再次精制。

（4）重油

常压渣油、减压蜡油、减压渣油等，这些都是二次加工的原料（催化裂化、加氢、焦化）。

常减压蒸馏出来的汽油馏分、柴油馏分、煤油馏分一般均需再次精制后才能作为调和组分。

1.1.3　催化裂化

1.1.3.1　概述

催化裂化是重质石油烃类在催化剂的作用下反应生产液化气、汽油和柴油等轻质油品的主要过程，在汽油和柴油等轻质油品的生产中占有很重要的地位。特别是在我国，大约70%的汽油和1/3的柴油均来自该工艺，目前，催化裂化是我国主要的重质油轻质化手段。

传统的催化裂化原料是重质馏分油，主要是直馏减压馏分油，也包括焦化重馏分油。近年来，由于对轻质油品的需求不断增长及技术进步，一些重质油或渣油也作为催化裂化的原料，例如减压渣油、溶剂脱沥青油、加氢处理重油等。

1.1.3.2　催化裂化的工艺原理及特征

催化裂化原料在固体催化剂上进行催化裂化反应是一个复杂的物理化学过程。各种产品的数量和质量不仅取决于组成原料的各类烃在催化剂上的反应，而且还与原料气在催化剂表面上的吸附、反应产物的脱附以及油气分子在气瓶中的扩散等物理过程有关。烃类的催化裂化基本反应有以下几种：

（1）烷烃

烷烃主要发生分解反应，碳链断裂分解生成较小分子的烷烃和烯烃。例如：

$$C_{16}H_{34} \longrightarrow C_8H_{16} + C_8H_{18}$$

生成的烷烃又可继续分解成更小的分子。分解反应的速率随着烷烃相对分子质量和分子异构化程度的增加而增大。

（2）烯烃

烯烃很活泼，反应速率快，在催化裂化中占有很重要的地位。烯烃的主要反应有：分解反应（分解为两个较小分子的烯烃，反应速率比烷烃高很多）；异构化反应（相对分子质量不变只改变其分子结构的反应）；氢转移反应（某烃分子上的氢脱下来后立即加到另一烯烃分子上使之饱和的反应）；芳构化反应（烯烃环化并脱氢生成芳烃的反应）。

（3）环烷烃

环烷烃主要发生分解、氢转移和异构化反应。环烷烃的分解反应一种是断环裂解成烯烃，另一种是带长侧链的环烷烃断侧链；环烷烃可通过氢转移反应转化成芳烃；带侧链的五元环烷烃也可以异构化成六元环烷烃，再进一步脱氢生成芳烃。

（4）芳烃

芳烃的芳核在催化裂化条件下极为稳定，如苯、萘、联苯。但连接在苯环上的烷基侧链却很容易断裂，断裂的位置主要发生在侧链与苯环相连的C—C链上，生成较小的芳烃和烯烃，这种反应液称为脱烷基反应。侧链越长，异构程度越大，脱烷基反应也越易进行。

综上所述，在催化裂化的条件下，原料中各种烃类进行着错综复杂的反应，不仅有大分子裂化成小分子的分解反应，也有小分子生成大分子的缩合反应。与此同时，还进行异构化、氢转移、芳构化等反应。在这些反应中，分解反应是最主要的反应，催化裂化正是因此而得名。各类烃的分解速率由大到小的顺序为：烯烃 > 环烷烃、异构烷烃 > 正构烷烃 > 芳烃。

1.1.3.3　催化裂化装置的工艺流程

催化裂化装置一般由三部分组成，即反应－再生系统、分馏系统、吸收－稳定系统。对处理量较大、反应压力较高的装置，常常还有再生烟气的能量回收系统。

（1）反应－再生系统

新鲜原料油经换热后与回炼油浆混合，经加热炉加热至180～320℃后至提升管反应器下部的喷油嘴，原料油由蒸气雾化并喷入提升管内，在其中与来自再生器的高温催化剂（600～750℃）接触，随即汽化并进行反应。油气在提升管内的停留时间很短，一般只有几秒钟，反应产物经旋风分离器分离出夹带的催化剂后离开沉降器去分馏塔。积有焦炭的催化剂（称待生催化剂）由沉降器落入下面的汽提段，经汽提后的待生催化剂通过待生斜管进入再生器。再生器的主要作用是烧去催化剂上因反应而生成的积炭，使催化剂的活性得以恢复。催化裂化反应过程中，焦炭的产率约为5%～7%，重油催化裂化的焦炭产率可达8%～10%。焦炭是缩合产物，它沉积在催化剂的表面上，使催化剂丧失活性，所以要用空气将其烧去使催化剂恢复活性，因而焦炭不能作为产品分离出来。

（2）分馏系统

由反应器来的反应产物（油气）从底部进入分馏塔，经底部的脱过热段后在分馏段分割成几个中间产品：塔顶为富气及汽油，侧线有柴油和回炼油，塔底产品是油浆。

（3）吸收－稳定系统

吸收－稳定系统主要由吸收塔、再吸收塔、解吸塔及稳定塔组成。从分馏塔塔顶油气分离器出来的富气中带有汽油组分，而粗汽油中则溶解有 C_3、C_4 组分。吸收－稳定系统的作用就是利用吸收和精馏的方法将富气和粗汽油分离成干气（$\leq C_2$）、液化气（C_3、C_4）和蒸气压合格的稳定汽油。其中的液化气再利用精馏的方法通过气体分馏装置将其中的丙烯、丁烯分离出来，进行化工利用。图 1－4 是催化裂化装置工艺流程。

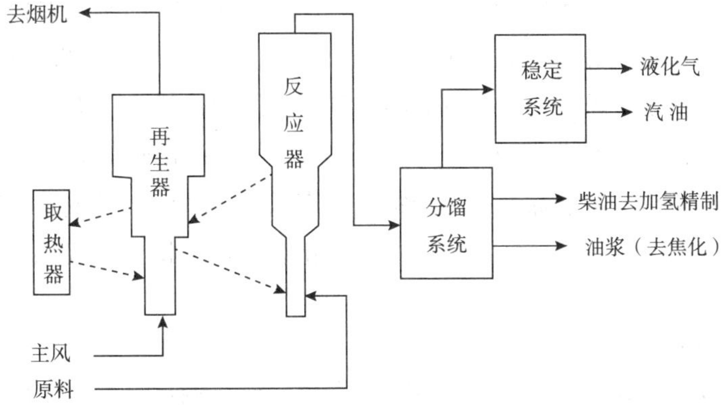

图 1－4　催化裂化装置工艺流程

1.1.3.4　催化裂化的主要产品及特点

催化裂化的产品包括催化裂化气体、催化汽油、催化柴油、催化重柴油、油浆等。

（1）催化裂化气体

烯烃含量可达 50% 左右，是石油化工原料和合成高辛烷值汽油的原料。例如，丁烯与异丁烷经烷基化反应可合成高辛烷值汽油，异丁烯与甲醇可合成高辛烷值组分 MTBE 等，丙烯是合成聚丙烯及聚丙烯腈等的原料，干气中的乙烯可用于合成苯乙烯等，C_3、C_4 还可用于民用液化气。

（2）催化裂化汽油

汽油产率较高，通常在 40% 以上。其产量在汽油总量中约占 70% 。，研究法辛烷值约 80～95，富含烯烃，密度低，辛烷值较高。

（3）催化裂化柴油

柴油产率约 20%～40%，由于含有较多的芳烃，其十六烷值较直馏柴油低，由重油催化裂化所得的柴油的十六烷值更低，只有 25～35，而且其安定性也较差，这类柴油需经过加氢处理，或与质量好的直馏柴油调和后才能符合柴油的质量要求。

（4）催化裂化重柴油（回炼油）

馏程在 350℃ 以上的组分，可作为回炼油返回到反应器内，以提高轻质油收率，但其芳烃含量高（35%～40%），使生焦率增加，也可作为商品燃料油的调和组分。

（5）油浆

油浆的产率约为 5%～10%，是从催化裂化分馏塔塔底得到的渣油，含有少量催化剂细粉，可以送回反应器回炼以回收催化剂，但因油浆富含多环芳烃而容易生焦，在掺炼渣油时为了降低生焦率要向外排出一部分油浆。油浆经沉降除去催化剂粉末后称为澄清油，是制造针焦的好原料，或作为燃料油的调和组分，也可作为加氢裂化的原料。

1.1.3.5　催化裂化技术新进展

近年来，催化裂化技术呈快速多态发展趋势，一些针对性很强的催化裂化新技术竞相出现，如两段提升管催化裂化技术（TSRFCC）；多产异构烷烃的催化裂化技术（MIP）；生产清洁汽油和增产丙烯的 MIP 催化裂化技术（MIP－CGP）；催化裂化汽油辅助反应器改质技术；灵活多效催化裂化技术（FDF－CC）；深度催化裂化工艺（DCC）；最大限度生产高辛烷值汽油和气体烯烃工艺（MGG）；多产气体异构烯烃工艺（MIO）及常压重油为原料的多产气体和汽油工艺（ARGG）等。这些新技术的出现为我国炼油工业提高轻质油收率、清洁燃料生产、调整炼油产品结构，多产低碳烯烃做出了重要贡献。

总而言之，从近十几年的发展情况来看，催化裂化技术将会围绕以下几个主要方面继续发展：

（1）加工重质原料

传统的催化裂化原料主要是减压馏分油。由于对轻质燃料的需求不断增长以及原油价格的提高，利用催化裂化技术加工重质原料油如常压重油、脱沥青油等可以得到较大的经济效益。如何解决在加工重质原料油时焦炭产率高、重金属污染催化剂严重等问题，是催化裂化催化剂和工艺技术发展中的一个重要方向。

（2）劣质原料预处理

随着原油的日趋重质化、劣质化，劣质重油量逐渐增加。由于其残炭值高、重金属含量高、硫氮杂原子含量高等问题，不能直接作为重油催化裂化的原料，合适的预处理技术将成为关键问题。

（3）降低能耗

催化裂化装置的能耗较大，降低能耗的潜力也较大。降低能耗的主要方向是降低焦炭产率、充分利用再生烟气中 CO 的燃烧热，以及发展再生烟气热能利用新技术等。

（4）减少污染物排放

催化裂化装置排放的主要污染物是再生烟气中的粉尘、CO、SO_x 和 NO_x。随着环境保护立法日趋严格，减少污染的问题也日益重要。

（5）适应多种生产需求的催化剂和工艺开发

例如，根据市场消费需求，调整汽柴油产品结构；多产丙烯、丁烯，甚至是多产乙烯的新催化剂和工艺技术。

（6）过程模拟和系统集成优化

正确的设计、预测及优化控制都需要准确的催化裂化过程数学模型。由于催化裂化过程的复杂性，仅依靠某一局部单项技术的开发和实施不能从根本上解决问题，必须针对重要科学问题和关键技术问题，对催化裂化过程进行系统集成优化，开发新型工艺技术及配套专用装备，从根本上优化工业催化裂化装置的操作。

1.1.4 焦化过程

1.1.4.1 概述

焦化过程是以渣油为原料，在高温（480～550℃）下进行深度热裂化反应的一种热加工过程。在炼油工业中，热加工过程包括减黏裂化、热裂化和焦化等多种工艺过程，主要限于在渣油加工中使用。焦化过程主要的工业形式是延迟焦化、流化焦化和灵活焦化。其中延迟焦化是目前最广泛采用的一种焦化流程，其主要目的是提高炼油厂的轻质油收率。延迟焦化可以处理多种原料，如原油、常压重油、减压渣油、沥青等硫含量较高及残炭值很高的残渣原料，以及芳烃含量很高、难裂化的催化裂化澄清油和热裂解渣油等。

1.1.4.2 焦化过程工艺原理

石油烃类在热的作用下（480～550℃）主要发生两类反应：一类是裂化反应，它是吸热反应；另一类是缩合反应，它是放热反应。烃类的相对分子质量不变而仅仅是分子内部结构改变的异构化反应，在不使用催化剂的条件下一般是很少发生的。

烷烃的热化学反应主要有两类，C—C 键断裂生成较小分子的烷烃和烯烃，C—H 键断裂生成碳原子数保持不变的烯烃及氢。

环烷烃的热稳定性比烷烃高，裂解时主要是烷基侧链断裂和环烷环的断裂，前者生成较小分子的烯烃或烷烃，且侧链越长，断裂的速率越快；后者生成较小分子的烯烃及二烯烃。

芳烃是各种烃类中热稳定性最高的一种。芳烃的分解难易顺序是：带侧链的芳烃 > 带甲基的芳烃 > 无侧链的芳烃。一般条件下芳环不会断裂，但在较高温度下会进行脱氢缩合反应，生成环数较多的芳烃，直至生成焦炭。

虽然在直馏馏分油和渣油中几乎不含有烯烃，但是从各种烃类热反应中可能产生烯烃。这些烯烃在加热的条件下进一步裂解，同时与其他烃类交叉地进行反应，于是使反应变得极其复杂。

胶质、沥青质在高温条件下除了经缩合反应生成焦炭外，还会发生断侧链、断链桥等反应，生成较小的分子。

由以上可知，裂解产生较小的分子，缩合则生成较大的分子。烃类的热反应是一种复杂的平行顺序反应。这些平行的反应不会停留在某一阶段上，而是继续不断地进行下去。随着反应时间的延长，一方面由于裂解反应，生成分子越来越小、沸点越来越低的烃类（如气体烃）；另一方面由于缩合反应生成分子越来越大的稠环芳烃。高度缩合的结果就产生胶质、沥青质，最后生成碳氢比很高的焦炭。

1.1.4.3 焦化过程工艺流程

延迟焦化装置的工艺流程有不同的类型，就生产规模而言，延迟焦化装置有一炉两塔（焦炭塔）流程、两炉四塔流程等。一般由焦化、分馏（包括气体回收）、焦炭处理和放空系统几个部分组成。图 1-5 是简单的焦化过程工艺流程。

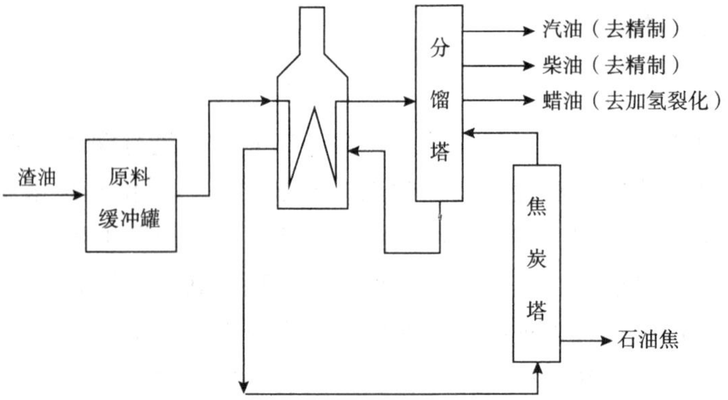

图 1-5　焦化过程工艺流程

1.1.4.4　焦化过程的主要产品及特点

焦化过程的产品产率及其性质在很大程度上取决于原料的性质（如残炭、密度、馏程、烃组成、硫及灰分等杂质含量等）。焦化过程的反应产物有气体、汽油、柴油、蜡油（重馏分油）和焦炭，产品主要特点如下：

（1）焦化气体

含有较多的甲烷、乙烷以及少量的丙烯、丁烯等，它可分离为焦化干气和液化石油气。

（2）焦化汽油

焦化汽油烯烃含量较高，但略低于催化裂化汽油，安定性较差，马达法辛烷值较低。汽油中的硫、氮和氧含量较高（与原料性质有关），经过稳定后的焦化汽油只能作为半成品，加氢后的焦化汽油硫含量低、烯烃含量低、辛烷值低，很少作汽油调和组分，一般用作化工轻油（乙烯裂解的原料）。

（3）焦化柴油

焦化柴油的十六烷值较催化裂化柴油略高，含有一定量的硫、氮和金属杂质；含有一定量的烯烃，性质不稳定，必须进行精制脱除硫、氮杂质，使烯烃、芳烃饱和才能作为合格的柴油组分。加氢后的焦化柴油硫含量低、安定性好、十六烷值较高，可作柴油的调和组分。

焦化过程中，转化为焦炭的烃类所释放的氢转移至蜡油、柴油、汽油和气体之中。由于原料中的氢转移方向与催化裂化不同，使焦化柴油的质量明显优于催化裂化柴油。

（4）焦化蜡油

一般是指 350～500℃ 的焦化馏出油，也称焦化瓦斯油（CGO）。焦化蜡油性质不稳定，与焦化原料油性质和焦化的操作条件有关。它可作为加氢裂化或催化裂化的原料，有时也用于调和燃料油。

（5）焦炭

焦炭亦称石油焦，除了可用作燃料外，还可用于高炉炼铁，如果焦化原料及生产方法选择适当，石油焦经煅烧及石墨化后，可用于制造炼铝、炼钢的电极等。

1.1.5　催化加氢

1.1.5.1　概述

催化加氢是指石油馏分在氢气存在下催化加工过程的统称。目前炼油厂采用的加氢过程主要有加氢精制和加氢裂化两大类。催化加氢作为石油加工的一个重要过程，对于提高原油加工深度、合理利用石油资源、改善产品质量、提高轻质油收率以及减少大气污染都具有重要意义。尤其是随着原油日益变重变劣，市场对优质中间馏分油的需求越来越多，催化加氢更显重要。此外，还有专门用于某种生产目的的加氢过程，如加氢处理、临氢降凝、加氢改质、润滑油加氢等。

1.1.5.2　催化加氢的工艺原理及特征

（1）加氢精制

加氢精制主要用于油品精制，其目的是除掉油品中的硫、氮、氧杂原子及金属杂质，使烯烃饱和，有时还对部分芳烃进行加氢，改善油品的使用性能。加氢精制的优点是：原料油的范围宽，产品灵活性大，液体产品收率高，产品质量好。而且与其他生产废渣的化学精制方法相比还有利用保护环境。因此无论是加工高硫原油还是加工低硫原油的炼厂，都广泛采用这种方法来改善油品的质量。

加氢精制的主要反应有加氢脱硫、脱氮、脱氧及脱金属。

①加氢脱硫反应（HDS）。在加氢精制条件下，石油馏分中的硫醇、硫醚和二硫化物在催化剂和氢气的作用下，进行氢解反应，转化为不含硫的相应烃类和 H_2S，从而脱除硫杂原子。加氢脱硫反应是加氢处理过程中最主要的化学反应。

②加氢脱氮反应（HDN）。石油馏分中的含氮化合物可分为三类：脂肪胺及芳香胺类，吡啶、喹啉类型的碱性杂环化合物，吡咯、茚及咔唑型的非碱性氮化物。在各族氮化物中，脂肪胺类的反应活性最强，芳香胺类次之，碱性或非碱性氮化物，特别是多环氮化物很难反应。在加氢精制过程中，石油馏分中的含氮化合物在催化剂和氢气的作用下进行氢解反应，转化为不含氮的相应烃类和 NH_3。不同馏分的加氢反应速率差别很大，汽油馏分中难以加氢的烷基杂环氮化物含量极少，因此加氢脱氮要比柴油馏分容易得多。

③加氢脱氧反应（HDO）。石油及石油产品中含氧化合物的含量很少，主要是环烷酸，二次加工产品中还有酚类等。各种含氧化合物的加氢反应主要包括环系的加氢饱和及 C－O 键的氢解反应。

④加氢脱金属反应（HDM）。随着加氢原料的拓宽，尤其是渣油加氢技术的发展，加氢脱金属的问题越来越受到重视。渣油中对反应性能影响较大的金属有镍、钒、铁、钙等。渣油 HDM 的主要目的就是脱除金属杂质。

（2）加氢裂化的化学反应

加氢裂化是在较高压力下，烃分子与氢气在催化剂表面进行裂化和加氢反应生成较小分子的转化过程。加氢裂化过程的反应分为精制反应（脱硫、氮、氧及金属）及裂化反应。精制反应已在前面作了介绍，下面主要介绍烃类在由加氢组分和酸性载体构成的双功能催化剂上的 C－C 键裂解加氢反应。双功能催化剂中的酸性功能由催化剂的载体硅铝或分子筛提供，加氢功能则由金属活性组分提供。因此，烃类的加氢裂化反应可看作催化裂化反应与加氢反应的组合，所有在催化裂化过程中最初发生的反应在加氢裂化过程中也基本发生，不同的是某些二次反应由于氢气及具有加氢功能催化剂的存在而被大大抑制甚至终止了。

加氢裂化按加工原料的不同，可分为馏分油加氢裂化和渣油加氢裂化。馏分油加氢裂化的原料主要有减压蜡油、焦化蜡油、裂化循环油及脱沥青油等，其目的是生产高质量的轻质油品，如汽油、喷气燃料、柴油等，其特点是具有较大的生产灵活性，可根据市场需要，及时调整生产方案。渣油加氢裂化与馏分油加氢裂化有本质的不同，由于渣油中富集了大量硫、氮化合物和胶质、沥青质大分子及金属化合物，使催化剂的作用大大降低，因此，热裂化反应在渣油加氢裂化过程中有重要作用。一般来说，渣油加氢裂化的产品尚需进行加氢精制。

1.1.5.3 催化加氢工艺流程

（1）加氢精制

加氢精制的工艺过程多种多样，按加工原料的轻重和目的产品的不同，可分为汽油、煤油、柴油和润滑油等石油馏分的加氢精制，其中包括直馏馏分和二次加工产物，此外还有重渣油的加氢脱硫。加氢精制装置所用氢气多数来自催化重整的副产氢气，当重整的副产氢气不能满足需要，或者没有催化重整装置时，氢气由制氢装置提供。石油馏分加氢精制尽管因原料不同和加工目的不同而有所区别，但是其化学反应基本原理相同，反应器一般都采用固定床绝热反应器，因此，各种石油馏分加氢精制的原理、工艺流程原则上没有明显差别，加氢精制装置流程如图 1-6 所示。

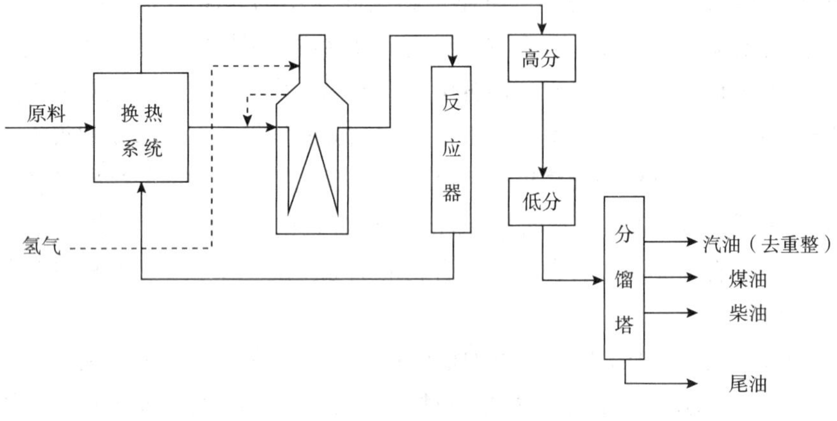

图 1-6　加氢精制装置流程

（2）加氢裂化反应

目前工业上加氢裂化多用于从重质油生产汽油、喷气燃料和低凝点柴油，所得产品不仅产率高而且质量好。加氢裂化所用原料包括从粗柴油、减压油一直到重油及脱沥青油。我国加氢裂化装置的原料以减压蜡油为主，有的掺入部分焦化蜡油，目的产物主要是重整原料油、喷气燃料、优质柴油和乙烯裂解原料。此外，采用加氢裂化工艺还可以生产液化气、重整原料、催化裂化原料油、乙烯裂解原料以及低硫燃料油。

1.1.5.4　液相加氢处理技术简介

随着环保法规的日益严格，低硫、高十六烷值柴油已成为世界发达国家和地区柴油新规格的发展趋势。欧盟国家从 2009 年就实施了欧Ⅴ排放标准，该标准将柴油产品的硫含量限制在 10μg/g 以下，我国也已有部分地区已经开始实施相当于欧Ⅴ排放标准的柴油产品指标。目前传统的加氢精制技术成熟可靠，广泛应用于炼油厂加氢装置中，但该工艺需在一定的氢分压下维持较高的氢油比，需要借用大量的循环氢。

柴油液相循环加氢技术是利用油品中的溶解氢来满足加氢反应的需要，以油品中氢浓度的梯度变化作为反应的推动力。该系统依靠液相产品大量循环时携带进反应系统的溶解氢，来提供新鲜原料进行加氢反应所需氢气，消除了原来循环氢中硫化氢气体的影响，同时还可以消除催化剂的润湿因子和原来循环氢中的氨气影响，能有效提高催化剂的利用效率。催化剂床层处于全液相中、接近等温操作，反应效率高、目的产品收率高；整套装置高压设备少，热量损失小，装置投资和操作费用均低。因此，液相循环加氢技术可以在适宜的工艺条件下加工各种柴油原料，对原料适应性强、产品质量好。

1.1.5.5　催化加氢的主要产品及特点（结构分层次）

催化加氢的主要产品包括：石脑油、喷气燃料、柴油。

（1）石脑油

可以直接作为汽油组分或溶剂油等石油产品，也可作为中间产品经加工而生产石油化工原料或运输燃料，例如通过催化重整生产轻芳烃、高辛烷值汽油或通过蒸汽裂解装置生产乙烯等轻烯烃。由于加氢裂化具有深度加氢、异构能力强等功能，因此获得的石脑油异构烃含量高、芳烃含量低、基本没有不饱和烃、非烃含量较低、辛烷值较低（60～75）。

（2）喷气燃料

烯烃含量低，芳烃含量低，结晶点（冰点）低，烟点高，是优质的喷气燃料。

（3）柴油

硫含量很低，芳烃含量也较低，着火性好，安定性高，能符合低硫柴油的要求，适合用来调和生产低硫车用柴油。

加氢裂化产品与其他石油二次加工产品的比较：加氢裂化的液体产率高、气体产率很低，加氢裂化产品的饱和度高，烯烃极少，非烃含量也很低，安定性好。柴油的十六烷值高，胶质含量低。由于加氢裂化过程异构能力很强，无论加工何种原料，产品中的异构烃含量都较高，例如气体 C_3、C_4 中的异构烃与正构烃的比例通常在 2～3 以上，小于 80℃的石脑油具有较好的抗爆性，其研究法辛烷值可达 75～80。喷气燃料冰点低，柴油有较低的凝点，尾油中由于异构烷烃含量较高，特别适合于制取高黏度指数和低挥发性的润滑油。

1.1.6 催化重整

1.1.6.1 概述

催化重整是以石脑油（主要是直馏汽油）为原料生产高辛烷值汽油及轻芳烃（苯、甲苯、二甲苯，简称 BTX）的重要炼油过程，同时也副产相当数量的氢气，是世界各国炼油厂和石油化工厂的重要工艺之一。催化重整汽油是无铅高辛烷值汽油的重要组分，在发达国家的车用汽油组分中，催化重整汽油约占 30%。BTX 是一级基本化工原料，全世界所需的 BTX 有近 70% 是来自催化重整。氢气是炼油厂加氢过程的重要原料，而重整副产氢气是廉价的氢气来源。

1.1.6.2 催化重整的工艺原理及特征

催化重整是在催化剂存在下烃类分子结构发生重排、转变为相同碳数的芳烃，同时产生氢气的过程。主要包括以下五类化学反应：

（1）六元环烷烃的脱氢反应

例如：

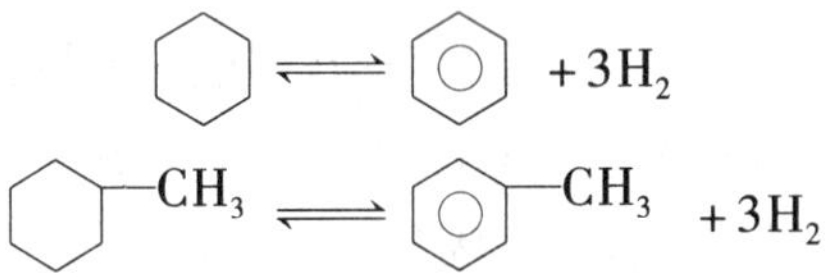

（2）五元环烷烃的异构脱氢反应

例如：

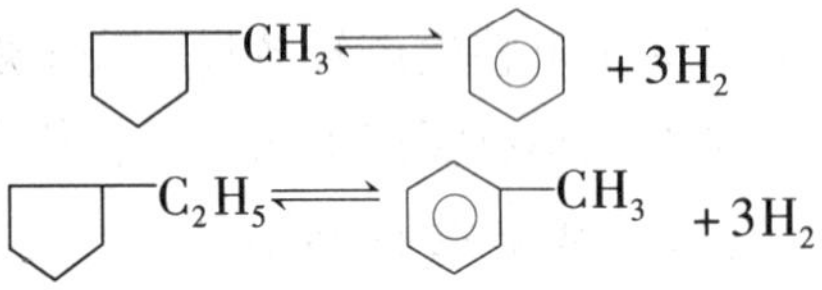

（3）烷烃的环化脱氢反应

例如：

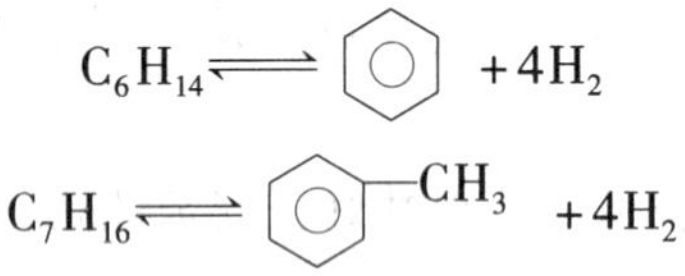

（4）异构化反应

例如：

$$n-C_7H_{16} \rightleftharpoons i-C_7H_{16}$$

（5）加氢裂化反应

例如：

$$n-C_8H_{18}+H_2 \longrightarrow 2i-C_4H_{10}$$

除了以上五类反应外，还有烯烃的饱和以及生焦反应等。生焦反应虽然不是主要反应，但是它对催化剂的活性和生产操作却有很大的影响。

以上前三类反应都是生产芳烃的反应，无论生产目的是芳烃还是高辛烷值汽油，这些反应都是有利的。尤其是正构烷烃的环化脱氢反应会使辛烷值大幅度地提高。

催化重整的原料主要是直馏汽油馏分。在生产高辛烷值汽油时，一般用 80 ~ 175℃ 馏分，馏分的终馏点过高会使催化剂上结焦过多，导致催化剂失活及运转周期缩短。沸点低于 80℃ 的 C_6 环烷烃的调和辛烷值已高于重整反应产物苯的调和辛烷值，因此没有必要再去重整反应。当以生产 BTX 为主时，则宜用 60 ~ 145℃ 馏分作原料，但在生产实际中常用 60 ~ 130℃ 馏分作原料，因为 130 ~ 145℃ 馏分是在喷气燃料的馏程范围内。二次加工所得的汽油馏分如加氢裂化重石脑油、焦化汽油、催化裂化石脑油、乙烯裂解抽余油等馏分经加氢精制脱除烯烃及硫、氮等非烃化合物后也可掺入直馏汽油馏分作为重整原料。

1.1.6.3　催化重整工艺流程

催化重整的目的是提高汽油的辛烷值或制取芳烃，生产的目的产品不同时，采用的工艺流程也不相同。当以生产高辛烷值汽油为主要目的时，其工艺流程比较简单，主要包括原料预处理和重整反应两大部分。而当以生产轻芳烃为主要目的时，工艺流程除了上述原料预处理、重整反应部分外，还必须把目的产品——芳烃从重整生成油中分离出来，这就需要芳烃抽提过程和单体芳烃的精馏或其他的方法使单体芳烃——苯、甲苯、各种二甲苯分离出来。

工业重整装置广泛采用的反应系统流程可分为两大类：固定床反应器半再生式工艺流程和移动床反应器连续再生式工艺流程。其中，固定床半再生式重整的特点是当催化剂运转一定时期后，活性下降而不能继续使用时，需就地停工再生（或换用异地再生好的或新鲜的催化剂），再生后重新开工运转，因此称为半再生式重整过程。连续再生式重整工艺流程的主要特征是设有专门的再生器，反应器和再生器都是采用移动床反应器，催化剂在反应器和再生器之间不断地进行循环反应和再生。图 1-7 是催化重整原则流程。

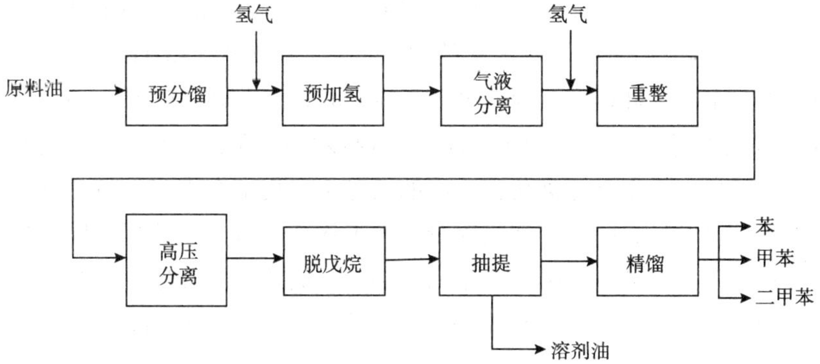

图 1-7　催化重整原则流程

1.1.6.4　催化重整的主要产品及特点

重整汽油辛烷值高，RON 最高能达到 100 以上，对调和汽油的辛烷值贡献大；烯烃含量很低，一般低于 2%，作为车用汽油调和组分可大幅度降低成品汽油中的烯烃含量；硫含量很低，一般低于 1μg/g，作为车用汽油调和组分可大幅度降低汽油中的硫含量。

重整汽油作为调和组分的缺点是芳烃含量高，最高可达 80% 以上。

1.1.7 S Zorb（催化裂化汽油吸附脱硫工艺）

1.1.7.1 概述

随着世界各国对环保要求的不断提高，全球汽油硫含量的指标也日趋严格，这就对我国炼油企业汽油脱硫技术提出了更高的要求。目前，我国汽油中催化裂化（FCC）汽油达70%～80%，FCC汽油是汽油产品中硫的主要提供者，因此关键还是解决FCC汽油脱硫的问题。S Zorb技术是由ConocoPhillips（COP）公司开发的，主要针对FCC汽油馏分的吸附脱硫技术，具有脱硫效率高和辛烷值损失小的特点，能够直接生产硫含量低于10μg/g的低硫汽油，对于国内环保要求日益提高具有良好的适应性。

1.1.7.2 S Zorb工艺原理及流程

S Zorb技术基于吸附作用原理对汽油进行脱硫，通过吸附剂选择性地吸附汽油中的硫醇、二氧化硫、硫醚和噻吩类等含硫化合物的硫原子而达到脱硫的目的，然后对吸附剂再生，使其变为二氧化硫进入再生烟气中，烟气再去硫黄回收或碱洗。在S Zorb过程中有六步主要的化学反应：硫的吸附、烯烃加氢、烯烃加氢异构化、吸附剂氧化、吸附剂还原、尾气中和。

S Zorb脱硫工艺与加氢脱硫工艺的区别：S Zorb脱硫工艺通过吸附反应使S转移到吸附剂上，通过对吸附剂再生，使其变为SO_2进入再生烟气中，烟气再去硫黄回收或碱洗。加氢脱硫工艺是通过加氢反应使S变为H_2S进入瓦斯气，然后气体去脱硫，脱硫后的酸性气体到硫黄回收，最后变为硫黄。

1.1.7.3 选择性加氢

S Zorb技术在生产中正得到越来越广泛的应用，选择性加氢作为解决汽油脱硫和辛烷值损失矛盾的一种主流技术，常见的还有抚顺石油化工研究院OCT－MD技术、石油化工科学研究院RSDS－Ⅱ技术、Axens公司开发的Prime－G＋技术、CDTECH开发的CDHydro/CDHDS技术、Exxon－Mobil研究工程公司（简称EMRE）开发的SCANFining等。

和S Zorb采用吸附脱硫原理不同，其他几种技术多基于催化剂的选择性和油品的分段加氢实现加氢选择性。由于催化裂化汽油中的烯烃主要集中在沸点较低的轻馏分中，硫化物主要集中在重馏分中，根据烯烃和硫含量分布不均衡的特点，选择不同的切割温度，对轻重馏分分别进行不同的处理，烯烃含量高、硫含量低的轻组分通过精制直接作为调和组分，减少高辛烷值组分损失。烯烃含量低、硫含量高的重组分进行加氢精制，重点脱除硫，从而达到选择性加氢的目的。

1.1.8 高辛烷值组分的生产

1.1.8.1 概述

由于人们环保意识的日益增强，对汽油的燃烧质量提出了更高的要求。无铅、高辛烷值、低烯烃、低芳烃和富含氧的新配方汽油的生产是现代化汽油生产的发展趋势。目前，常用的高辛烷值汽油调和组分主要有烷基化油、异构化油、高辛烷值醚类等，而生产上述几种汽油调和组分的原料主要来自天然气和炼厂气等石油气体。同时，重油催化裂化技术的大规模应用以及一些多产化工小分子烯烃的催化裂化技术的使用，大幅度增加了炼厂气的产出，使得以炼厂气为原料最大限度增产高辛烷值汽油调和组分的生产过程得到了越来越广泛的重视。

石油气体（天然气和炼厂气）是非常宝贵的气体资源，合理利用这些气体是石油加工生产的重要课题，对发展国民经济具有重要的意义。本节将分别叙述在炼油厂中，以炼厂气为原料生产高辛烷值汽油调和组分的一些工艺过程。

1.1.8.2　烷基化

烷基化是指烷烃与烯烃的化学加成反应，在反应中烷烃分子的活泼氢原子的位置被烯烃所取代。由于异构烷烃中的叔碳原子比正构烷烃中的伯碳原子上的氢原子活泼得多，因此必须用异构烷烃作为烷基化原料。在烷基化反应的各种工业应用中，以异丁烷为烷基化试剂，对各种烯烃（主要是丙烯和丁烯）进行烷基化反应，并以生成高辛烷值汽油调和组分为目的的异丁烷烷基化是最重要的烷基化工业应用之一。

烷基化工艺概述：以液化气中分离得到的异丁烷和丁烯为反应原料，在无水氯化铝、硫酸、氢氟酸或固定超强酸等酸性催化剂作用下，异构丁烷与丁烯合成高辛烷值的异构烷烃。例如：异丁烯和异丁烷烷基化反应生成辛烷值为100的2，2，4－三甲基戊烷（俗称异辛烷）。

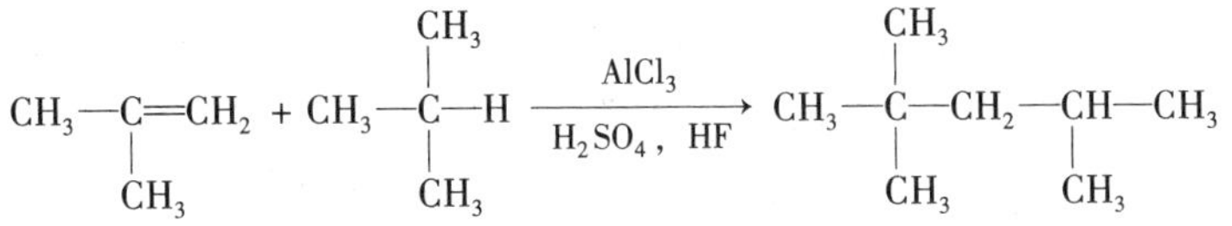

异丁烯　　　　　　异丁烷　　　　　　2，2，4－三甲基戊烷

烷基化装置一般由以下几部分组成：原料的预处理和预分馏，反应系统，催化剂分离，产品中和，产品分馏，废催化剂处理，压缩冷冻。目前主要是硫酸法和氢氟酸法烷基化的工艺流程。硫酸法烷基化工艺按照反应热的移取方式分为自冷冻流程和流出物制冷流程两大类。在烷基化过程中浓硫酸消耗量大，约为烷基化油产量的5%～10%，因此产生的大量废酸在一定程度上限制了该工艺的发展，特别是在炼油厂附近没有硫酸处理厂的情况下更为突出。氢氟酸烷基化主要有两种靠密度差进行循环的反应体系，一种是UOP氢氟酸法烷基化工艺，另一种是Phillips氢氟酸法烷基化工艺。这两种工艺的主要区别在于UOP氢氟酸法烷基化装置的酸冷却器是立式的，而Phillips氢氟酸法烷基化装置的酸冷却器是卧式的。

异构烷烃和烯烃反应生成的烷基化产物的抗爆震性能好，它的研究法辛烷值（RON）可达96，马达法辛烷值（MON）可达94，敏感度好，蒸气压低，沸点范围窄，密度较低（690～700kg/m^3），不含芳烃、硫和烯烃等，是理想的高辛烷值清洁汽油调和组分。由于汽油发动机的改进，发动机的压缩比不断增大，对汽油抗爆震性能的要求也不断提高；另一方面，从防止空气污染、保护环境的观点出发，希望限制汽油中芳烃与烯烃的含量，这就使得烷基化在生产高辛烷值汽油方面处于更重要的地位。

由于烷基化工艺中用到的浓硫酸和氢氟酸对人体、设备和环境的潜在危险，近年来，烷基化技术的最新研究进展主要是围绕新型催化剂及相关工艺的开发而进行的，其中具有代表性的是固体酸烷基化和离子液体烷基化。

1.1.8.3　异构化

异构化过程是在一定的反应条件下和催化剂存在下，将正构烷烃转变为异构烷烃的过程。因具有支链结构的异构烷烃的抗爆震性能好、辛烷值高，所以异构化过程可用于生产高辛烷值汽油调和组分，异构化油的另一个作用是提高以催化裂化汽油和重整汽油为主的调和汽油的抗爆震性能。工业上主要用 C_5、C_6 烃类为原料生产高辛烷值汽油组分。

烷烃的异构化反应是可逆反应，从热力学平衡的观点出发，异构化过程应在较低的温度下进行，以便达到较高的异构烷烃转化率，获得辛烷值较高的产物。

烷烃异构化过程所使用的催化剂品种很多，目前使用的主要为双功能型催化剂，并广泛采用在氢气压力下进行烷烃异构化的临氢异构化方法。双功能性催化剂分为“高温型”和“低温型”两种，高温双功能催化剂的烷烃异构化反应如下：

$$\text{正构烷烃} \underset{\text{金属}}{\rightleftharpoons} \text{正构烯烃} \underset{\text{酸性中心}}{\rightleftharpoons} \text{异构烯烃} \underset{\text{金属}}{\rightleftharpoons} \text{异构烷烃}$$

烷烃异构化的工业过程有多种，按照异构化原料的流向可以分成一次通过流程和循环流程。一次通过流程是指所有异构化原料一次通过反应器。而异构化是可逆反应，在工业反应条件下平衡转化率并不高，为了提高正构烷烃的总转化率，提高异构化产物的辛烷值，异构化工艺往往采用循环流程。循环流程是指未完全反应的正戊烷或正己烷经过后续工艺分离后，循环回反应器的进料段，直至完全发生异构化。“完全异构化”工艺将未转化的正构烷烃在吸附器中用分子筛选择性吸附分离出来，然后用氢气通过吸附器使被吸附的正构烷烃脱附与循环氢一起返回异构化反应器（两个吸附器切换吸附、脱附），不被吸附的混合异构烃进稳定塔。这样正构烷烃大部分都能异构化，从而使稳定塔塔底得到的异构化油辛烷值可达 90 ~ 91。完全异构化过程可使汽油前段馏分辛烷值（RON）提高约 20 个单位，比依次通过式高 7 个单位。完全异构化原料不需要进行干燥、脱硫等预处理，而且加工费用低。总体来说，异构化是提高整体汽油辛烷值最经济的方法之一，可使轻直馏石脑油的辛烷值提高 10 ~ 22 个单位。

具有支链结构的异构烷烃抗暴性能好、辛烷值高，其马达法辛烷值和研究法辛烷值都较高，抗暴性远高于环烷烃，是调和高辛烷值汽油的优良组分。

1.1.8.4　醚类的合成

为了解决因汽车数量不断增多而引起的日益严重的环境污染问题，对汽车排放的 SO_x、NO_x、CO、挥发性有机化合物（VOC）、有毒化合物（苯、丁二烯、甲醛、乙醛、多环有机物等）及可吸入颗粒物等污染物提出了更严格的限制，要求降低汽油中苯、芳烃、硫、烯烃（尤其是戊烯）等的含量及汽油蒸气压，并要求含有一定量的氧，而其抗爆指数仍需保持在较高水平。在汽油中加入醇或醚等含氧化合物是满足这些要求的主要措施之一。相比之下，醚类化合物的辛烷值都很高，与烃类完全互溶，具有良好的化学稳定性，蒸气压不高，其综合性能优于醇类，是目前广泛采用的含氧化合物添加组分，而其中使用最多的是甲基叔丁基醚（MTBE）。MTBE 除辛烷值高外，更重要的是它的调和辛烷值比纯 MTBE 更高。

以异丁烯和甲醇为原料合成 MTBE 的反应式为：

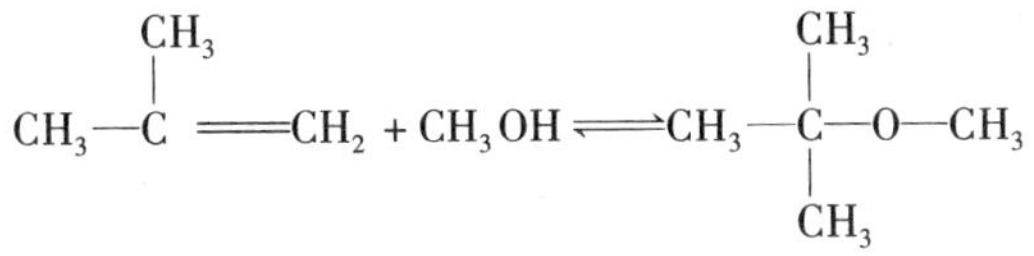

在合成 MTBE 的过程中，还同时发生少量的下列副反应：

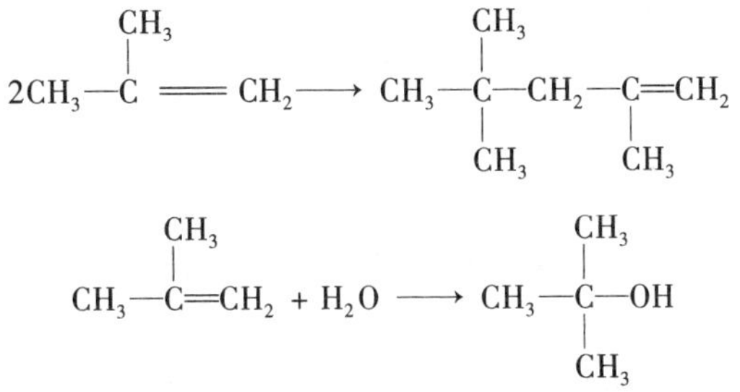

$$2CH_3OH \longrightarrow CH_3-O-CH_3 + H_2O$$

上述反应生成异辛烯、叔丁醇、二甲基醚等副产品的辛烷值都不低，对产品质量没有不利影响，可留在 MTBE 中，不必进行产物分离。

工业装置上，催化醚化反应是在固定床或膨胀床内进行的，反应物料是液相。反应后的物料中除产物 MTBE 之外，还有未反应的甲醇以及除异丁烯以外的其他 C_4 组分。

近年来，在烷基化、异构化、醚化等以轻烃为原料生产高辛烷值汽油组分的工艺技术中，醚化技术有长足进展。除用异丁烯生产 MTBE 之外，还可用异戊烯和 $C_5 \sim C_8$ 的烯烃生产甲基叔戊基醚（TAME）和混合醚。醚化技术的进展主要反映在以下几个方面：

（1）催化剂

开发出三功能催化剂，催化剂同时具有叔碳原子烯烃醚化、二烯烃选择性加氢和双键异构使其成为活性烯烃的三功能催化剂

（2）生产 MTBE 的组合工艺

利用由正丁烷异构化、异丁烷脱氢、醚化三单元组成的混合丁烷馏分生产 MTBE 的组合工艺

（3）生产二异丙基醚（DIPE）的 Oxypro 工艺

DIPE 抗爆指数（105）比 MTBE（110）稍低，但蒸气压仅为 MTBE 的一半。Oxypro 工艺的原料是丙烯和水，丙烯总转化率接近 100%，选择性大于 98%，催化剂寿命 1.5 年，经济分析优于丙烯催化叠合和烷基化方案。催化裂化气体中含有较多的丙烯，可以作生产 DIPE 的原料。由于丙烯也是生产聚丙烯等的原料，因此，是否将丙烯用于合成 DIPE 主要取决于市场需求和技术经济比较。

（4）MTBE 装置转产异辛烷的工艺技术

在美国，有些地区停止了在汽油中调入 MTBE，原来由 MTBE 提供的汽油中的氧改由

添加乙醇来提供。为了解决 MTBE 禁用后异丁烯原料和 MTBE 装置的出路，一些公司开发了 MTBE 装置转产异辛烷的工艺技术。该技术是利用原 MTBE 装置将异丁烯选择性地二聚生产异辛烯，然后加氢生产异辛烷，作为汽油的调和组分，在一定情况下，也可以不加氢而直接把异辛烯作为汽油的高辛烷值调和组分。

（5）FCC 轻汽油醚化技术

FCC 轻汽油醚化作为一种汽油改质行之有效的技术受到世界各国的普遍关注，竞相开发汽油醚化的工业应用新技术，其主要特点有三个方面：原料预处理、醚化反应、甲醇回收利用。轻汽油中二烯烃在醚化过程中的聚合效应，导致醚化产品胶质含量、色泽以及气味与车用汽油标准相差太大，所以必须进行原料预处理。目前已发展了两类技术：固定床选择加氢技术和临氢反应蒸馏技术。

1.2 汽柴油生产中常用的添加剂及作用

在汽柴油生产中加入添加剂，可以改善汽柴油的使用性能，提高储运性能，改善汽柴油与车辆的适应性，满足环保要求。

1.2.1 汽油添加剂

汽油添加剂的种类繁多，用途也不尽相同，这里主要介绍抗爆剂。

汽油在汽缸中燃烧时如果汽油抗爆性差会造成爆震现象。在发动机火花塞点火前，活塞压缩汽缸中的油气混合物，气体体积减小，温度上升，高温高压下自燃的油气混合物和火花塞点燃产生的爆炸相互撞击就产生了爆震。这会降低发动机效率，造成内部零件毁损。

辛烷值是用来衡量汽油抗爆性的重要指标，一般汽油的辛烷值越高其抗爆性能越好。对于辛烷值达不到要求的汽油，为降低或消除爆震，需要在汽油中加入适量的抗爆剂。

汽油抗爆剂可分为金属有灰类和有机无灰类两大类。金属有灰类抗爆剂是目前为止抗爆效率最为优异的抗爆剂，主要包括烷基铅、铁基化合物、锰基化合物、稀土羧酸盐等，但由于存在颗粒物的排放问题，欧美等发达国家已不再提倡使用。由此促使有机无灰类抗爆剂不断发展，有机无灰类抗爆剂主要包括一些醚类、醇类、酯类等。

1.2.1.1 金属有灰类抗爆剂

（1）四乙基铅（TEL）

四乙基铅不仅合成工艺简单、成本低廉而且抗爆效率高，但由于四乙基铅毒性大，因此，从 20 世纪 80 年代起各国开始用无铅汽油逐渐取代含铅汽油。1999 年 12 月，我国国家技术监督局发布“车用无铅汽油”国家标准 GB 17930—1999，2000 年 7 月 1 日，全国停止销售含铅汽油。

（2）甲基环戊二烯三羰基锰（MMT）

可作抗爆剂的锰基化合物有多种，其中甲基环戊二烯三羰基锰（MMT）性能最好，可提高汽油辛烷值，与含氧调和组分具有良好的配伍性，减少汽车的 NO_x、CO、CO_2

排放。

汽油燃烧过程中，锰基化合物高温下分解生成活性金属 MnO_2 颗粒，由于其表面作用，破坏燃烧的链分支反应，使之变成活性很小的氧化中间产物，有选择的淬灭一部分有机过氧化物的自由基，延长着火时间，因而燃料的抗爆性能得到提高。通过添加 MMT，当锰含量为 9～18mg/L 时，可使汽油的研究法辛烷值提高 1.7～2.2 个单位，对其蒸发性没有影响。MMT 有使用量小，效率高、成本低的特点，但 Mn 会在发动机内沉积、容易造成后处理系统堵塞，并对人体健康和环境有一定的影响。国Ⅴ汽油已经禁止人为添加 MMT。这一要求已被欧Ⅵ汽油标准采用，之前的欧洲汽油标准中均没有关于 MMT 的要求。

1.2.1.2　有机无灰类抗爆剂

（1）醚类

包括甲基叔丁基醚（MTBE）、甲基叔戊基醚（TAME）、乙基叔丁基醚（ETBE）、二异丙基醚（DIPE）等。醚类是提高辛烷值最好的品种，它们具有高辛烷值、低蒸气压和高燃烧热等突出优点，同时具有优异的燃料相容性和发动机性能，因而其用量不断增长。其中 MTBE 性能最好，物理性质与汽油烃类相差不大，与汽油的混溶性好，可以任何比例与汽油混溶而不发生相分离。MTBE 还具有改善燃烧室清洁度和减少发动机磨损等特点。虽然 MTBE 有很多优点，近年来有人认为 MTBE 容易对地下水造成污染，美国加利福尼亚州于 2003 年 1 月 1 日起禁止 MTBE 的使用，但目前国际上多数标准均允许使用，一般氧含量控制不高于 2.7%。

（2）醇类

包括甲醇、乙醇、异丙醇、叔丁醇、异丁醇等，应用较广的是乙醇。具有高的研究法辛烷值（见表 1-3），可作为汽油抗爆剂使用。

表 1-3　醇类辛烷值

名　称	研究法辛烷值	马达法辛烷值
甲醇	122	93
乙醇	121	97
异丙醇	117	95
叔丁醇	106	94
异丁醇	108	91

车用乙醇汽油是指在不添加含氧化合物的液体烃类中加入一定量变性燃料乙醇和为改善使用性能的添加剂，用于点燃式内燃机汽车的燃料。变性燃料乙醇是以淀粉质、糖质为原料，经发酵、蒸馏制得乙醇，脱水后再添加变性剂变性的燃料乙醇。

按照我国的国家标准，乙醇汽油是用 90%（上下幅度不超过 0.5%）的普通汽油与 10% 的变性燃料乙醇调和而成。在汽油标号前加写字母“E”作为车用乙醇汽油的标号，标号为：E89 号、E92 号、E95 号、E98 号，E 后的数字代表辛烷值。乙醇汽油作为一种新型清洁燃料，可以有效改善油品的性能和质量，降低一氧化碳、碳氢化合物等主要污染物排放。

甲醇作为汽油替代燃料在 20 世纪 80 年代已得到国际认可。通常按汽油中的甲醇含量将甲醇汽油分为低醇（M3～5）、中醇（M15～30）和高醇（M85～100）三类，其中M后的数字代表甲醇体积分数。

①低醇（M3～5）汽油。当甲醇含量≤3%时，甲醇溶于汽油，欧洲规定可与一般汽油通用，甲醇可不标识；当甲醇含量>3%时，应标明甲醇含量。甲醇在汽油中的溶解性与温度、含水量及基础汽油的组成有关，为保证甲醇与汽油全部混溶，要适当添加助溶剂。使用低醇与中醇汽油时，发动机可以不做改动。

②中醇（M15～30）汽油。由于甲醇含量高，必须添加助溶剂。

③高醇（M85～100）汽油。必须对发动机进行改造，充分提高压缩比，以发挥甲醇的优点，降低甲醇消耗。高醇汽油与普通汽油不能通用。

甲醇燃料与汽油相比的优点是：甲醇的辛烷值高；甲醇的点火温度和自燃温度都比汽油高，燃烧过程比汽油更安全；甲醇燃料富含氧，这使甲醇完全燃烧时所需要的空气量较少，燃烧比汽油彻底，尾气中HC、CO及NO_x含量可显著降低。

甲醇燃料与汽油相比的缺点是：甲醇含有50%的氧，导致甲醇的燃烧热值较低；甲醇的汽化潜热大，冷起动较汽油困难；甲醇的饱和蒸气压和沸点都较低，易形成气阻；甲醇是极性有机溶剂，易使橡胶和塑料零部件发生溶胀，提前老化，对某些有色金属具有腐蚀作用；甲醇对人体有较强的毒害作用。

（3）酯类

包括碳酸二甲酯（DMC）、三甲基硅烷基乙酸叔丁酯、聚氧乙烯醚二羧酸酯等；其中碳酸二甲酯最受关注。研究表明，加入DMC后，对汽油的饱和蒸气压、冰点和水溶性影响不大。和MTBE相比，DMC的含氧量高，汽油中达到同样氧含量时，DMC的添加量只有MTBE的40%左右。DMC作为一种化工溶剂易使橡胶和塑料零部件发生溶胀。

1.2.2 柴油添加剂

1.2.2.1 十六烷值改进剂

十六烷值（Cetane Number，简称CN）是用来衡量柴油着火性能的一项重要指标，高CN的柴油有害物排放明显要低于低CN的柴油，在柴油中加入CN改进剂，可提高柴油的CN。CN改进剂主要有含氮和含氧两大类。

（1）含氮类

①硝酸酯系列。烷基硝酸酯是最早开发出来的一类CN改进剂。国际上应用较广的有美国乙基公司的DII－2、DII－3、HITEC4103；美国埃克森公司的ECA8478及英国Associated Octel公司的CI0801。目前，应用较为广泛的硝酸酯改进剂为2－乙基己基硝酸酯（EHN）。

其他应用较多的硝酸酯有硝酸环己酯、硝酸异辛酯和硝酸正丁酯、环十二烷基硝酸酯、3－四氢呋喃硝酸酯、甲基苯甲醇硝酸酯（MBAN）、甘油三硝酸酯、四甘醇二硝酸酯（TEGDN）等。

硝酸环己酯具有稳定的环状分子结构，不易分解和皂化，适于长期储存和运输，当添加体积百分比为 1.5% 时，CN 可提高约 20 个单位左右。环十二烷基硝酸酯比硝酸环己酯的改进效果平均要好 30% 左右。3－四氢呋喃硝酸酯是一种改进效果比烷基硝酸酯要好的环醚硝酸酯，在 0.15%（质量分数）浓度范围内，CN 的增加和其加入浓度几乎呈线性关系，改进效果优越。甲基苯甲醇硝酸酯改进效果比 EHN 稍差，但生产成本低，而且其稳定性较好，有实际应用价值。甘油三硝酸酯改进效果与 2－乙基己基硝酸酯相同，可大大减少 NO_x 生成量，同时极大改善油品的润滑性能。四甘醇二硝酸酯改进效果比 2－乙基己基硝酸酯好得多，在加入浓度相同的情况下，四甘醇二硝酸酯的改进效果比 2－乙基己基硝酸酯高 50%，甚至有报道表明要比 2－乙基己基硝酸酯高 300%，但 2－乙基己基硝酸酯在油料中的溶解性比四甘醇二硝酸酯好，且四甘醇二硝酸酯加入柴油后容易引起相分离，这可能是限制其应用的主要因素。其他的烷基硝酸酯，如硝酸异丙酯、硝酸戊酯、硝酸庚酯、硝酸壬酯等加入量为 1.5%（质量分数）时，均可使 CN 提高 10 个单位以上。

大多数硝酸酯类 CN 改进剂属于易燃易爆品，在生产、运输和储存过程中必须高度注意安全。

②硝基烯烃类。这类化合物有 2－硝基－2－己烯、2－硝基－2－辛烯、3－甲基－2－硝基－2－戊烯、3－乙基－2－硝基－2－戊烯、3－甲基－2－硝基－2－丁烯、2－甲基－2－硝基丙烯等，其中 2－硝基－2－己烯的效果最好，当加入量为 1%（质量分数）时，CN 增加值达到了 10 个单位以上。但这些化合物较不稳定，易在存储期间聚合或异构化。

③亚硝酸酯类。亚硝酸酯类 CN 改进剂的结构式为：R—（—O—CH_2—CHX—）$_n$—O—NO，其中 R 为含 6～20 个 C 原子的烷基，n 值最佳在 2～10 之间，X 为卤素或 H，如 C_6H_{13}—（—O—CH_2—CH_2—）$_2$—O—NO 和 $C_{12}H_{25}$—（—O—CH_2—CH_2—）$_4$—O—NO 等，是这类亚硝酸酯类 CN 改进剂的典型代表。

④叠氮化合物类。叠氮化合物类 CN 改进剂，主要有烷基叠氮化合物类和芳香基叠氮化合物类。其中烷基叠氮化合物类主要有丙基叠氮、异丙基叠氮、正丁基叠氮、正戊基叠氮等；而芳香基叠氮化合物主要有甲基叠氮苯、乙基叠氮苯、二甲基叠氮苯、甲氧基叠氮苯、氨基叠氮苯等。叠氮化合物类 CN 改进剂一般可以在柴油中加入 0.1%～0.5%（质量分数），可以使 CN 提高 3～8 个单位，尽管在阳光直射下容易分解，但比硝酸酯稳定，而且合成工艺较硝酸酯简单，不会有硝化反应发生爆炸的危险。

⑤偶氮化合物类。据文献报道，所有的偶氮化合物都能提高柴油 CN，这类化合物的结构通式为：R_1—N＝N—R_2，其中 R_1、R_2 为 1～10 个碳的脂肪族或非脂肪族取代基或者芳烃或非芳烃取代基，当 R_1、R_2 同为乙基、丙基、异丙基、丁基等组成的偶氮化合物效果较佳；在柴油中最佳加入量在 0.1%～2%（质量分数）之间，一般可以使 CN 提高 1～7 个单位。

⑥重氮化合物类。代表性重氮化合物为苯醌重氮化合物类，如 2,6－二甲基－1,4－苯醌重氮化合物，以及烷基重氮化合物类如重氮甲烷等。这类化合物对柴油 CN 的改进效果与叠氮化合物相差不大，但合成工艺较叠氮化合物复杂。

⑦其他含氮化合物类。除了上述的六大类含氮化合物，还有叔丁基胺类，如 N，N－

二乙基辛基胺、油酸二乙基胺，以及三唑或四唑化合物类都可以用作柴油 CN 改进剂。

（2）含氧类

①过氧化物类。能够提高柴油 CN 的过氧化物有：过氧化氢、二叔丁基过氧化物、1,1－二叔丁基过氧化物环烷烃、2，2 －二叔丁基过氧化物烷烃和过氧化苯甲酸叔丁酯等类型，一般添加量0.1%～0.2%（质量分数）时，可以使柴油 CN 提高 1～8 个单位。过氧化物一般不单独加入柴油作为 CN 改进剂使用，而是与硝酸酯类改进剂混合加入柴油中，有协同作用。

②酯类。具有代表性的酯类有：碳酸酯、油酸酯、草酸酯以及部分饱和有机酸酯等。其中碳酸酯类以碳酸二甲酯为代表，如果合成工艺能够继续改善，成本降低，会有一定的应用前景；油酸酯类以大豆甲（乙）酯、可可油甲酯、油酸甲酯、油酸异丙酯等为代表，但添加量较大，一般需加入10%（质量分数）左右，能够使 CN 提高 10 个单位左右；草酸酯以草酸二异戊酯和草酸二异丁酯为代表，目前这两种草酸酯在国内已经实现工业化生产，有很好的应用前景。

③醚类。醚类化合物以二甲氧基乙烷（DMET）、1,2,4－三氧杂环己烷为代表，这两种柴油添加剂除了有效提升 CN 外，还可抑制黑烟排放，其中1,2,4－三氧杂环己烷添加量0.1%～1.5%（质量分数）时，柴油的 CN 提高幅度较大，而且着火性能和燃烧效率也有较大幅度的提高；二甲氧基乙烷作为柴油 CN 改进剂使用时是作为调和组分，一般要求加入量较大，类似于辛烷值改进剂 MTBE。

CN 改进剂通常都不是单独加入的，因为单一改进剂都或多或少存在一些弊端，需要和其他改进剂复配以达到预期效果。

1.2.2.2 润滑性改进剂

为改善柴油机尾气污染物排放，降低柴油硫含量是国内外柴油工业发展的必然趋势，国内外炼油厂采用加氢精制、加氢改质和加氢裂化等深加工精制工艺，生产低硫低芳烃柴油。因为柴油中的多环芳烃、氮化物、氧化物和硫化物是天然的润滑剂，在降低柴油中硫、氮、多环芳烃含量的同时，也降低了柴油的天然润滑性，这样就造成了使用低硫柴油的发动机容易出现磨损和损坏，大大缩短了发动机的寿命。改善精制柴油润滑性能最经济有效的措施是添加柴油润滑性改进剂（又称抗磨剂）。

主要的润滑性改进剂有：酯及其衍生物型抗磨剂；脂肪胺盐或酰胺衍生物型抗磨剂；脂肪酸型抗磨剂。

（1）酯及其衍生物型抗磨剂

这是一类应用最多的柴油抗磨剂产品，主要由长链的不饱和脂肪酸和多元醇制备而成，一般与一些其他的柴油添加剂如低温流动改进剂或酰胺类无灰分散剂复合使用效果更好。缺点是原料成本较高，且产品中可能会含有未反应完全的脂肪酸。

（2）脂肪胺盐或酰胺衍生物抗磨剂

这也是一类应用较多的柴油抗磨剂产品，使用脂肪酸与脂肪胺反应制备的盐或酰胺作抗磨剂，来改进柴油的润滑性。

（3）混合型抗磨剂

这是一些酯类和胺类的混合添加剂，用脂肪酸－脂肪酸酯－脂肪酸胺混合作柴油润滑添加剂。

柴油抗磨剂的商业产品大都是脂肪酸酯、酰胺或盐的衍生物，且都是复合剂而不是单一类型的添加剂。

1.2.2.3　降凝剂

柴油降凝剂即柴油低温流动改进剂（PPD），是目前国内外柴油生产中最为重要的柴油添加剂之一，对改善柴油低温使用性能具有明显的效果。降凝剂具有立体覆盖屏蔽和分散的作用，加入柴油内能将低温下形成的蜡晶核或细微晶粒完全包裹，即使温度降低，晶粒也不再长大，而且被立体包裹的晶粒分散性很好，它可以在添加量很小的情况下降低柴油的冷滤点和凝点，显著改善柴油的低温流动性能。

由于单一降凝剂结构性质的局限性，目前我国不少商品化低温流动性改进剂就是几种改进剂按一定比例复配的产物。而国外商品化的柴油低温流动性改进剂主要有：乙烯－醋酸乙烯酯共聚物，如ECA8401、MD305A；乙烯－丙烯酸酯共聚物，如Amco 6615、Lubrizol 8052；α－烯烃－马来酸酐共聚物的复合添加剂，如FPD－37N。

柴油降凝剂主要有以下几类：

（1）乙烯/醋酸乙烯共聚物（EVA）

这种降凝剂是由乙烯和醋酸乙烯共聚而成，是研究最多应用最广的。用作柴油降凝剂的EVA相对分子质量较低，数均相对分子质量一般在1000～5000，用量0.05%～0.1%（质量分数）可使柴油的冷滤点下降5～10℃。

（2）三元共聚物

如WHP，由乙烯、醋酸乙烯和乙烯醇氧烷基聚醚聚合而成，是一种新型高分子表面活性剂型降凝剂。与EVA相比，在添加量相当时，表现出更好的降凝效果。另外如乙烯－丙烯－醋酸乙烯酯共聚物，用量0.015%（质量分数）可使部分柴油的冷滤点下降9～14℃。

（3）丙烯酸酯聚合物

由丙烯酸与高碳醇酯化后聚合而成，具有良好的抗剪切性能。GY系列降凝剂就属此类，US 5834408也采用（甲基）丙烯酸单体聚合物作为降凝剂。

（4）含氮聚合物

主要是聚胺类或者是烷基胺与含有马来酸、富马酸共聚物作用得到的化合物。

（5）马来酸酐的共聚物

马来酸酐可以与不同的单体共聚得到很多种有效的降凝剂，如苯乙烯与马来酸酐的共聚物、α－烯烃－马来酸酐共聚物等。

（6）其他种类添加剂

如含聚烷基烯烃的乙二醇二酸衍生物对于降低柴油的冷滤点也有显著的效果。

1.3 几种有助改善和提高发动机性能的添加剂

1.3.1 清净剂

1.3.1.1 汽油清净剂

汽油清净剂是添加到汽油中用来防止发动机进气系统产生沉积物或者可带走沉积物的物质，通常是含有一些聚合物的无灰有机物，它不同于所谓的助燃剂、增效剂，它的主要功能是清洗和保洁。汽油清净剂的国家标准为 GB 19592—2004《车用汽油清净剂》。

汽油清净剂通常是由分散剂、抗氧剂、润滑改进剂、破乳和防锈剂等添加剂复合而成，不仅具有清洗和保洁作用，还具有抗氧、防锈、破乳化、改善燃油润滑性等功能。

(1) 汽油沉积物的形成

汽油中的不稳定组分如烯烃、硫、含氮或含氧等物质在高温等因素的作用下会在发动机供油系统中与空气发生氧化反应，生成胶状物质和沉积物。汽油供给系统的沉积物主要聚集在进气阀、喷油嘴、活塞顶部等部位，如图 1-8 ~ 图 1-10 所示。

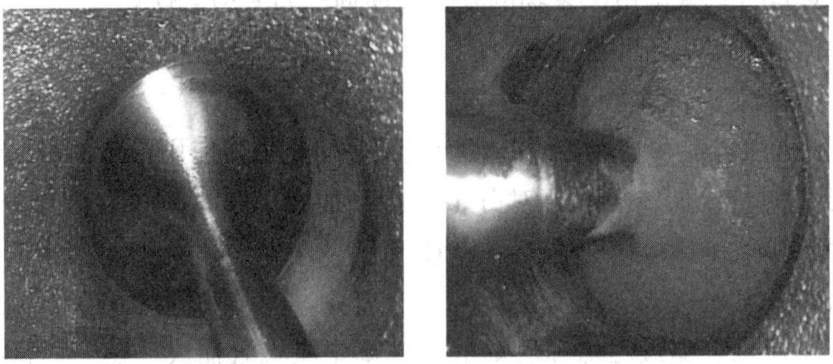

(a) 清洁的进气阀　　(b) 有沉积物的进气阀

图 1-8　清洁的进气阀与有沉积物的进气阀对比

(a) 干净的喷油嘴　　(b) 被沉积物覆盖的喷油嘴

图 1-9　干净的喷油嘴与被沉积物覆盖的喷油嘴对比

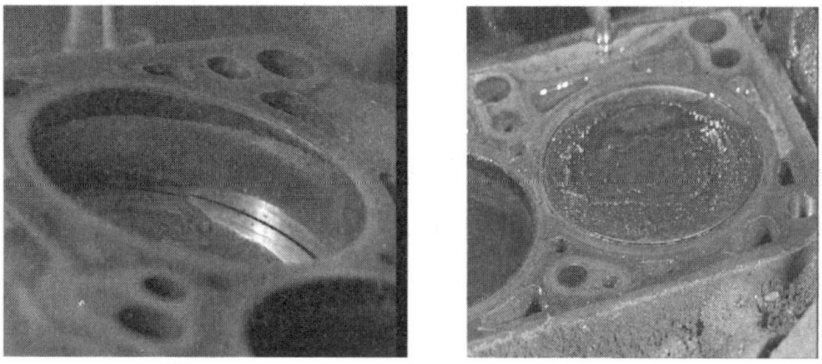

（a）干净的活塞顶部　　（b）被沉积物覆盖的活塞顶部

图 1-10　干净的活塞顶部与被沉积物覆盖的活塞顶部对比

除了汽油本身的不稳定组分能够形成沉积物，拥堵的城市路况使发动机在低转速工作，也是形成沉积物的重要原因。拥堵的城市路况，使车辆始终处于走走停停的状态，发动机不能高转速运转，汽油或窜入燃烧室的润滑油不能燃烧完全，未燃烧的部分油料在高温和氧的作用下形成胶质，黏附在发动机内部的零件表面上，再经过高温作用形成沉积物。发动机工作产生沉积物是不可避免的，当沉积物在发动机内过多时就会造成发动机工作不良，产生各种故障。

（2）沉积物对汽油发动机性能的影响

沉积物会堵塞喷油嘴的针阀和阀孔，影响电子喷射系统精密部件的工作性能，从而使燃油喷射变形并降低其正常流量，导致动力性能下降。直喷汽油发动机的喷油嘴更加精密，喷油孔细小，更容易堵塞。

进气阀沉积物会影响冷启动，因为这时喷油嘴喷出的汽油会被沉积物大量吸收，导致冷启动的混合气过稀，使启动困难，直到沉积物吸收的汽油饱和，才容易启动。进气阀及其座圈工作面上的沉积物会引起气门关闭不严而造成漏气，出现发动机工作无力以及气门易烧蚀等不良现象。

燃烧室内的沉积物过多时，会使燃烧室体积减小，压缩比增加，同时容易形成许多炽热面，引起早燃和爆燃，缩短发动机的使用寿命，使发动机的动力性和经济性都大大降低。

汽油清净剂对清除发动机这些部位沉积物十分有效，使汽车发动机保持原有功率。

（3）汽油清净剂的功能及作用

现代发动机的构造越来越精密复杂，如果汽油生成的沉积物较多或不能被及时带走，会造成精密部件堵塞及传感器失效，尾气催化转化器失效或中毒，表现为燃烧效率降低、油耗增加、动力性能和操控性能下降，尾气排放恶化，严重时甚至会造成事故。

汽油清净剂能够清除在发动机供油系统各部件上已经生成的沉积物，并抑制新的沉积物的生成，使发动机始终保持在最佳的工作状态，同时可以改善燃油雾化状态，使燃烧更加充分，有害尾气排放量减少，从而间接达到节能和环保的作用。因此，车用汽油中有必要加入能有效清除沉积物的清净剂。

1.3.1.2　柴油清净剂

柴油清净剂是添加到柴油中用以抑制或清除发动机供油系统沉积物的添加剂。柴油清净剂通常还含有抗氧剂、润滑改进剂、破乳和防锈剂等辅助添加剂，共同组成多功能复合添加剂。柴油清净剂国家标准 GB/T 32859—2016《柴油清净剂》。

（1）柴油沉积物的形成

柴油沉积物形成的原因很多。首先，柴油在高温下容易发生热裂解从而生成沉积物。其次，柴油品质差，含有杂质，柴油机内的润滑油使用时间过长，都容易导致沉积物生成。另外，润滑油窜入燃烧室燃烧，着火时间过早或过迟，喷油泵供油量过大，柴油机长时间低温运转，或气缸密封件磨损及损坏，使燃油燃烧不完全，喷油压力过低，雾化不良，有滴油或漏油现象。柴油机长时间超负荷作业，或者经常“轰油门”也都能在发动机供油系统产生沉积物。图 1－11 为柴油喷油嘴内部和外部的沉积物。

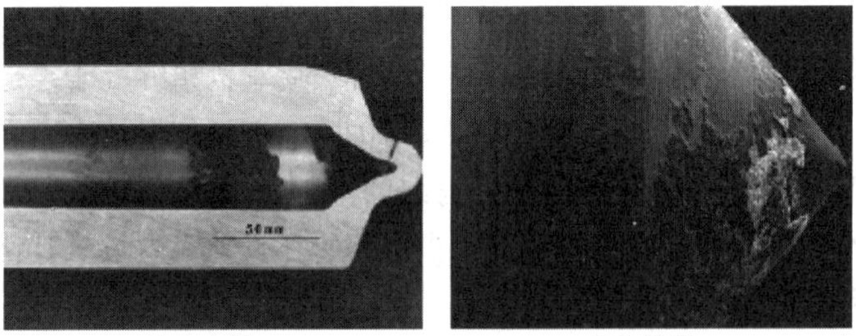

（a）内部　　　　（b）外部

图 1－11　柴油喷油嘴内部和外部沉积物

（2）沉积物对柴油发动机性能的影响

沉积物能够使喷油嘴部分或完全地堵塞，影响喷油嘴的正常工作，延迟燃烧，压力异常增长，导致发动机噪音增大，燃烧不完全，污染物排放增加以及油耗增加。

（3）柴油清净剂的功能及作用

①清净、保洁作用。有效清除沉积物，保持发动机喷油嘴、油路清洁，减少滤芯更换次数和喷油嘴清洗次数；

②环保作用。显著降低尾气排放，减少烟度；

③节能作用。明显改善柴油的雾化状态，使燃烧更加完全，降低油耗；

④氧化安定作用。提高柴油的氧化安定性，延长柴油储存期；

⑤防锈作用。具有优良的防锈性能，避免零部件腐蚀；

⑥增强动力作用。提高发动机动力性能，使汽车易启动，提速快，怠速平稳，行驶强劲。

（4）柴油清净剂评定方法

目前，柴油清净剂的性能评定方法主要有两种：

CEC F－23《柴油机喷嘴结焦试验方法》（简称 XUD9），使用标致雪铁龙公司 PCM XUD9 A/L 直列四缸非直喷式发动机，按照标准试验程序运转 10h，测定喷油嘴的空气流量，以空气流量损失的大小来判定喷油嘴的清洁度，即柴油的清净程度。

CEC F－98《直喷共轨柴油发动机喷嘴结焦试验方法（标致 DW10 发动机）》（简称

DW10B)，使用标致 DW10，2.0L，4 缸直喷涡轮增压发动机，以试验程序运行后发动机的动力损失来判定柴油的清净程度。

另外，CEC 工作组正在开发新的评价方法 DW10 C，主要针对发动机喷油嘴内部沉积物形成趋势进行评价。

我国普通柴油发动机车辆和高压共轨发动机柴油车辆并存，但是评价柴油清净性的方法只有 CEC F-23，对应的国内方法为 SH/T 0764《柴油机喷嘴结焦实验方法》，截至目前国内尚没有引入 CEC F-98（DW10B）发动机台架方法。

1.3.2　柴油车尾气处理液

随着柴油车排放标准越来越严格，除了需要提高发动机技术外，还必须在车辆上安装尾气后处理装置。世界各国均将选择性催化还原系统（简称 SCR）作为主要的柴油机减排技术路线。柴油车尾气处理液是 SCR 系统的还原剂，是柴油车达到国Ⅳ及以上排放标准的必备消耗品。

1.3.2.1　柴油车尾气处理液的组成和应用

柴油尾气处理液在欧洲被称为 AUS 32，在美国被称为 DEF，专指用于满足欧Ⅳ及相似排放法规的尿素水溶液，其尿素浓度为 32.5%，国内也称之为车用尿素溶液。

作为 SCR 的还原剂，柴油车尾气处理液用于柴油发动机尾气后处理系统中，可减少柴油车尾气中 NO_x 和颗粒物（PM）的排放量。

1.3.2.2　降低柴油车氮氧化物（NO_x）排放的原理

SCR 系统主要由尿素溶液罐、尿素泵、尿素喷嘴、催化转化器、尿素管路及电控单元等组成，如图 1-12 典型的 SCR 系统。

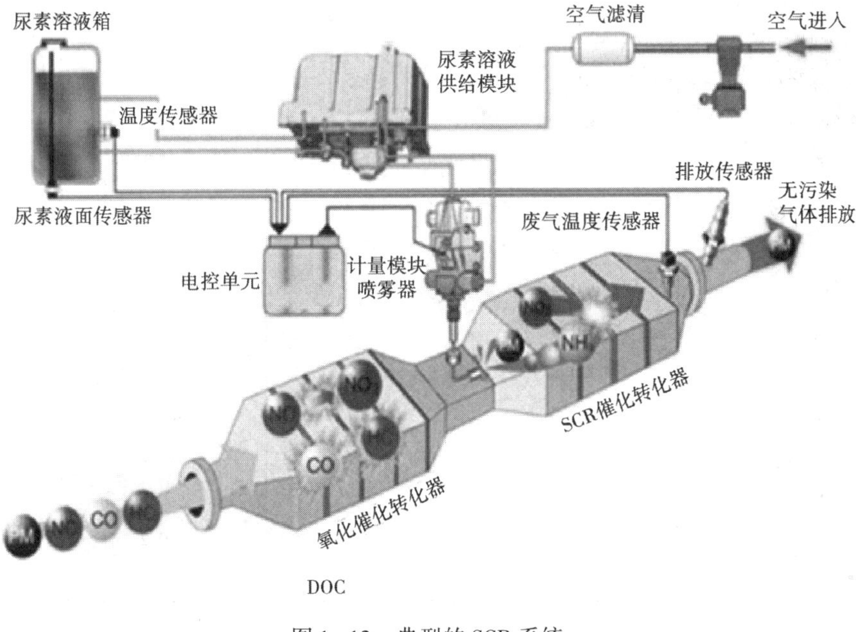

图 1-12　典型的 SCR 系统

柴油车尾气处理液被储存在尿素溶液罐内，车辆启动后，行车电脑根据尾气中的氮氧化物传感器和温度传感器数据，计算需要喷入柴油车尾气处理液的量并传递给电控单元。电控单元控制尿素泵和计量喷射单元将一定量的柴油车尾气处理液喷入尾气流中。柴油车尾气处理液在催化剂的作用下分解为氨气和二氧化碳，氨气与氮氧化物反应生成无害的氮气和水，反应方程式见式（1-1）～式（1-4）：

$$4NO + 4NH_3 + O_2 \longrightarrow 4N_2 + 6H_2O \qquad (1-1)$$

$$2NO_2 + 4NH_3 + O_2 \longrightarrow 3N_2 + 6H_2O \qquad (1-2)$$

$$6NO_2 + 8NH_3 \longrightarrow 7N_2 + 12H_2O \qquad (1-3)$$

$$NO + NO_2 + 2NH_3 \longrightarrow 4N_2 + 12H_2O \qquad (1-4)$$

1.3.2.3 柴油车尾气处理液的标准和试验方法

国外柴油车尾气处理液质量标准主要有 ISO 22241 系列标准、DIN70070 系列标准和 JIS K2247 系列标准。2013 年 7 月 1 日我国柴油车尾气处理液标准 GB 29518—2013《柴油发动机氮氧化物还原剂 AUS32》正式实施，对产品质量标准和检测方法进行详细规定。国内外各标准对比见表 1-4。从表 1-4 可以看出，我国柴油车尾气处理液标准与国外标准相当。

表 1-4 国内外柴油车尾气处理液质量标准对比

项　目	ISO 22241-1：2006	DIN 70070：2005	JIS K 2247-1：2009	GB 29518—2013
尿素含量/%	31.8～33.2	31.8～33.2	31.8～33.3	31.8～33.2
密度（20℃）/（kg/m^3）	1087.0～1093.0	1087.0～1093.0	1087.0～1092.0	1087.0～1093.0
折射率 n_D^{20}	1.3814～1.3843	1.3814～1.3843	1.3817～1.3840	1.3814～1.3843
缩二脲含量/%	≤0.3	≤0.3	≤0.3	≤0.3
不溶物含量/（μg/g）	≤20	≤20	≤20	≤20
磷酸盐含量（以 PO_4 计）/（μg/g）	≤0.5	≤0.5	≤0.5	≤0.5
铝含量/（μg/g）	≤0.5	≤0.5		≤0.5
钙含量/（μg/g）	≤0.5	≤0.5	≤0.5	≤0.5
铁含量/（μg/g）	≤0.5	≤0.5	≤0.5	≤0.5
铬含量/（μg/g）	≤0.2	≤0.2	≤0.2	≤0.2
钾含量/（μg/g）	≤0.5	≤0.5	≤0.5	≤0.5
镁含量/（μg/g）	≤0.5	≤0.5	≤0.5	≤0.5
钠含量/（μg/g）	≤0.5	≤0.5	≤0.5	≤0.5
镍含量/（μg/g）	≤0.2	≤0.2	≤0.2	≤0.2
锌含量/（μg/g）	≤0.2	≤0.2	≤0.2	≤0.2
铜含量/（μg/g）	≤0.2	≤0.2	≤0.2	≤0.2
醛含量/（μg/g）	≤5	≤5	≤10	≤5
碱度（以 NH_3 计）/%	≤0.2	≤0.2	≤0.2	≤0.2
一致性确认	一致	一致	一致	一致

在检测方法方面，GB 29518—2013 修改时采用了 ISO 22241 标准，仅将密度和折射率修改为国内的试验方法。质量标准要求和试验方法见表 1－5。

表 1－5　GB 29518—2013 规定的质量指标和检测方法

项　目			质量指标	试验方法
尿素含量①/%			31. 8 ~ 33. 2	附录 A④
密度②（20℃）/（kg/m³）			1087. 0 ~ 1093. 0	SH/T 0604⑤
折射率③ n_D^{20}			1. 3814 ~ 1. 3843	GB/T 614
杂质含量	碱度（以 NH_3 计）（质量分数）/%	不大于	0. 2	附录 B
	缩二脲（质量分数）/%	不大于	0. 3	附录 C
	醛类（以 HCHO 计）/（mg/kg）	不大于	5	附录 D
	不溶物/（mg/kg）	不大于	20	附录 E
	磷酸盐（以 PO_4 计）/（mg/kg）	不大于	0. 5	附录 F
	钙/（mg/kg）	不大于	0. 5	附录 G
	铁/（mg/kg）	不大于	0. 5	
	铜/（mg/kg）	不大于	0. 2	
	锌/（mg/kg）	不大于	0. 2	
	铬/（mg/kg）	不大于	0. 2	
	镍/（mg/kg）	不大于	0. 2	
	铝/（mg/kg）	不大于	0. 5	
	镁/（mg/kg）	不大于	0. 5	
	钠/（mg/kg）	不大于	0. 5	附录 G
	钾/（mg/kg）	不大于	0. 5	
一致性确认			与参考谱图一致	附录 H

如果有必要向 AUS 32 中添加示踪剂，应保证示踪剂不影响 AUS 32 满足本表中的技术要求，也不会损害 SCR 系统。
①目标值 32. 5%。
②目标值 1090. 0 kg/m³。
③目标值 1. 3829。
④计算时未从氮中扣除氨。
⑤也可使用 GB/T 1884 和 GB/T 1885，对结果有异议时，以 SH/T 0604 为仲裁方法。

（1）尿素含量

尿素含量直接影响 NO_x 的催化效率和柴油车尾气处理液的凝固点。在 SCR 还原系统中，柴油车尾气处理液的尿素含量是关键因素之一，过高的尿素含量不仅不能提高 NO_x 的转化效率，反而会造成氨气的滑失（由于过高的 NH_3/NO_x 比造成的氨气漏失），形成二次污染物氨气；过低的尿素含量使 NH_3/NO_x 过低，不能完全转化 NO_x。另外，32. 5% 浓度的柴油车尾气处理液结晶点最低（初始结晶点 －11℃），使用和存储最为方便。

（2）密度和折射率

柴油车尾气处理液密度与尿素含量密切相关，试验表明，在一定温度下尿素含量与密度和折射率具有一一对应的关系，且随含量增大而增大。检测密度和折射率有助于辅助验证柴油车尾气处理液的尿素含量。

（3）不溶物

不溶物是柴油车尾气处理液中不溶于水的杂质，据资料报道，其存在除了对SCR系统的滤网、输液管道和喷嘴具有堵塞的危害外，还能堵塞催化剂的孔道造成NO_x转化率降低（影响尾气在催化剂孔道中的扩散速度）及造成尾气背压增大，严重时会损坏发动机。

（4）碱度

尿素在水中水解产生氨，散发出难闻的氨味，水解的速度取决于环境温度，温度越高，水解速度越快。碱度太高说明部分尿素已经分解，该项指标控制的是柴油车尾气处理液中氨的含量。

（5）磷酸盐、钠、镁、钾、钙、铁、锌、铬、铜、镍、铝含量

磷酸盐、金属离子（钠、镁、钾、钙、铁、锌、铬、铜、镍、铝）对SCR系统的催化剂具有毒害作用，影响SCR催化剂的转化效率，需要严格控制在尿素水溶液中的含量。

（6）醛类和缩二脲

醛类、缩二脲可以和尿素水解中间产物形成难以分解的高分子物质，附着在喷嘴、尾气管道、混合器和催化剂表面，造成背压升高，油耗增加，严重时能将尾气管堵死，使发动机损坏。

（7）产品的一致性

通过傅里叶红外光谱仪检测柴油车尾气处理液的红外谱图，对比标准谱图，可以对AUS 32产品的识别和质量进行辅助了解，因为船用尾气处理液的尿素浓度为40%，柴油车尾气处理液的尿素浓度为32.5%，都是无色透明液体，肉眼无法区分。该方法检测速度快，非常适用于产品出厂检测、备案管理等用途。

第2章　汽柴油商品学知识

2.1　发动机基础知识

内燃机是热机的一种，能将燃料的化学能转化为机械能。内燃机与外燃机的区别是燃料在机体内燃烧并推动运动机构做功，其中最常见的内燃机是往复式活塞发动机。通常汽车、移动式发电机、非道路机械等都使用往复式活塞发动机作为动力源。常见的往复式活塞发动机燃料包括汽油、柴油、天然气、燃料油等。本书仅介绍燃烧汽油和柴油的往复式活塞内燃发动机。

2.1.1　汽油发动机工作原理及结构

汽油发动机，简称汽油机，即以汽油为燃料的往复式活塞发动机。小型汽油机广泛应用于汽车、小型发电机组、割草机、链锯等设备。汽油机分为二冲程及四冲程，单缸、多缸等结构形式，在此仅介绍多缸四冲程汽油发动机。汽油机具有结构简单、功率密度大、噪声低、排放控制简单等优点，但同时由于采用理论空燃比进行燃料喷射且压缩比较低，所以汽油机热效率较低。

在我国，由于能源结构、排放控制等原因，大部分轻型车使用汽油机作为动力源。现代汽油机广泛地采用电子控制、可变正时、涡轮增压、缸内直喷等技术，提高了热效率，降低了排放。

2.1.1.1　汽油机工作原理

汽油的特性决定了汽油机难以使用热效率更高的压燃式，因此汽油机的点火方式是点燃式。也就是说，汽油机在工作时，压缩冲程结束时缸内温度也不足以使汽油自燃，需要靠火花塞放出电火花来点燃缸内混合气。因此汽油机拥有一套点火系统。

汽油机的活塞从汽缸的一端运行到另一端称为一个冲程，四冲程发动机表示一个基本的工作循环由四个不同的冲程组成，分别是进气、压缩、做功和排气。汽油机的进排气是由几个阀门控制的，控制进气的称为进气门，控制排气的称为排气门。

（1）进气冲程

进气门打开，排气门关闭，活塞向下运动，使汽缸内产生负压，把空气和汽油的混合气从进气歧管吸入气缸。由于节气门、气门等部件的节流作用，吸入的气体质量要低于标准状态下占有气缸活塞行程容积的干燥空气质量，二者的比值称为充气效率。提高充气效率对改善内燃机的燃烧有重要意义。

（2）压缩冲程

进气门关闭，排气门关闭，气缸内形成一个封闭的空间，活塞向上运动，压缩缸内空气，压力和温度上升。活塞在上止点时气缸内的容积称为燃烧室容积，活塞在下止点时气缸内的容积称为气缸总容积，后者与前者的比值称为压缩比。根据热力学原理，压缩比越高，燃烧过程的热效率越高。现代汽油机的压缩比通常在 8～12。

（3）做功冲程

进气门关闭，排气门关闭，火花塞放出电火花，点燃缸内混合气，气体燃烧后膨胀推动活塞向下运动。

（4）排气冲程

进气门关闭，排气门打开，活塞向上运动，缸内废气通过排气门排出，然后重新回到吸气冲程，如此循环往复，使发动机持续运转。

图 2-1 为四冲程发动机的工作过程。

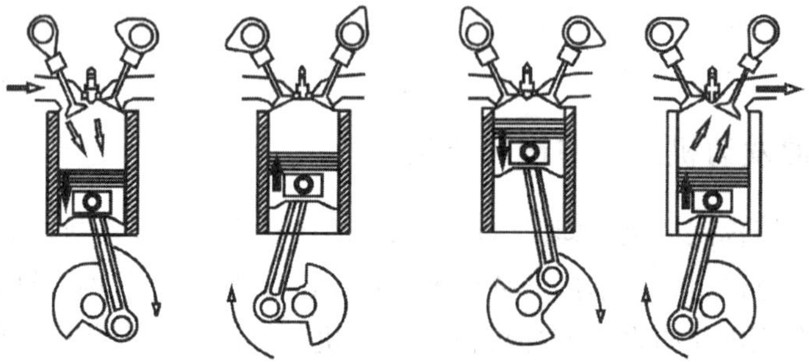

图 2-1　四冲程发动机的工作过程

2.1.1.2　汽油发动机的结构

汽油机由汽缸体、活塞、连杆、曲轴、油底壳、气门机构、机油泵等众多零件组成。按其功能分类，可以分为电子控制系统、冷却系统、润滑系统、燃油供给系统等。

（1）电子控制系统

目前，汽油机基本都使用电子控制点火。电子控制系统通过控制进气压力、点火时间等保证发动机汽缸内的燃烧过程处于最优的状态。火花塞通过自身螺纹安装在汽缸盖中，其顶端在燃烧室内，电极采用熔点高的金属，工作时电极之间加上 10kV 以上的电压后，电极间隙上立刻跳出火花，点燃缸内混合气。

为了控制发动机的输出功率，汽油机通常通过调节节气门的开度，调整进气量，进而电子控制系统通过感知的进气量喷射指定量的燃油。电子控制系统主要采用在排气管上加装氧传感器进行控制，通过氧传感器反馈的信号对喷油量进行微调，以保证发动机处于最佳的空燃比状态。此外，汽油机的电子控制系统与柴油机相比还需要增加对点火时机的控制。

（2）冷却系统

内燃机运转时，与高温燃气接触的零件强烈受热，如果没有适当的冷却，会使其过热，导致燃烧不正常、机油变质、零件磨损加剧等问题。内燃机冷却系统的任务是在任何条件下保证内燃机在最适宜的温度状态下工作。冷却系统的冷却方式主要分为水冷式和风冷式，目前车辆上装配的大多是水冷系统。水冷系统包括水泵、风扇、节温器、散热器等零部件。其中，水泵为内燃机水循环系统内的冷却介质（通常为冷却液）提供循环的动力，使在内燃机水套内受热的冷却液在冷却器内得到冷却。

图2-2为火花塞的结构图。图2-3为发动机冷却系统的结构图。

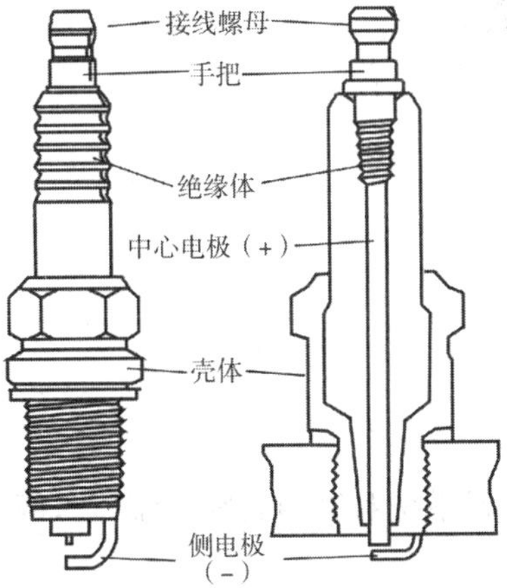

图2-2　火花塞结构

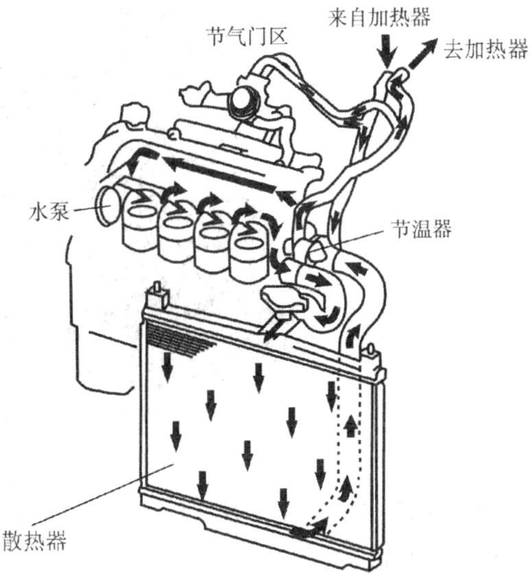

图2-3　发动机冷却系统结构

（3）润滑系统

润滑系统的主要任务是供应足够数量的具有适当温度的洁净发动机润滑油（机油）到各摩擦表面，使主要摩擦副达到液体润滑，减少零件的磨损，以保证内燃机的动力性、经济性、可靠性和耐久性。润滑系统的主要零件包括机油泵、机油冷却器、机油滤清器等。

发动机的润滑油储存在油底壳内，通过机油泵向各部件供油，机油泵由发动机曲轴直接驱动。曲轴旋转时会把润滑油飞溅至汽缸壁、连杆等部件；同时通过遍布在发动机内的机油管道将润滑油源源不断地输送到气门机构等位置。发动机在运转时会有磨损下来的金属屑、燃烧不完全的碳颗粒等杂物进入机油，当机油通过机油滤清器时，这些杂物中粒径较大的会被过滤，防止其对发动机造成损坏。

随着使用高压共轨缸内直喷技术的汽油机技术逐步向柴油机靠拢，共轨喷射系统的喷射压力越来越高，由于有些部位润滑油无法到达，所以对汽油本身的润滑性也提出了要求。

（4）燃油供给系统

在燃烧过程中，混合气中空气与燃料的质量比称为空燃比。汽油机在工作中，多数工况下使用理论空燃比（根据汽油不同，多处于14.5~14.7之间）。在理论空燃比下，空气中的氧气与燃料可以完全充分燃烧，生成水和二氧化碳。

图 2-4 为发动机的润滑系统。

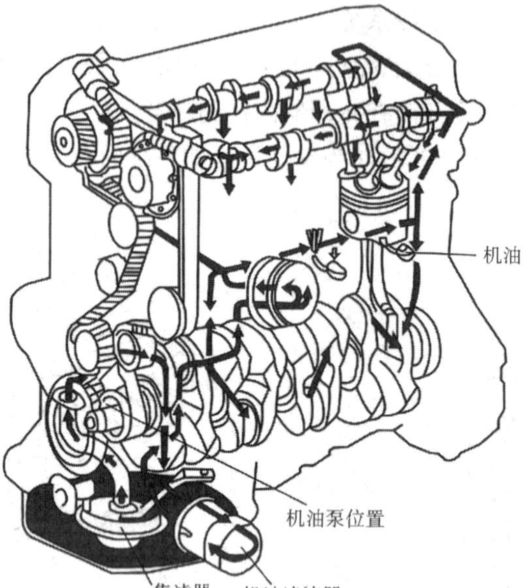

图 2-4　发动机润滑系统

目前使用较多的汽油燃料供给方式主要有进气道喷射系统和缸内直喷系统，这两种系统均为电子控制。

①进气道喷射系统（PFI）。目前大部分车辆的汽油机使用进气道喷射系统，这种方式是将汽油喷射至进气歧管内进气门的背面，汽油在此与进入进气道的空气混合，有时也被称为多点电子喷射。整个系统通常包括低压燃油泵、燃油滤清器、油管、喷油嘴等组成，其中喷油嘴是由电控系统进行控制的。

进气道喷射系统中值得一提的是可变气门正时（VVT）技术，它通过判断发动机不同工况，依照预设的程序调节气门开闭时机，能有效提高进排气效率，进而提高燃油经济性，降低排放。该技术利用位于进气凸轮轴的叶片式液压调节器来实现，通过凸轮轴调节阀控制相应管道中的液压机油驱动调节器中的叶片带动凸轮轴旋转，实现气门开闭的提前或延迟，可调范围达到60°曲轴转角。由于 VVT 使用发动机润滑油作为工作介质，因此使用 VVT 技术的发动机对润滑油要求较高，必须定期更换适当的润滑油。

由于进气道内通常没有高压，因此进气道喷射系统不需要提供很高的压力，结构比较简单；此外，由于油气在进气道和缸内进行混合，混合时间长，混合效果较好；但是有一些汽油会附着在气门和进气歧管内壁上，在高温下逐渐碳化，形成沉积物，日积月累，沉积物改变了进气道的原设计结构，导致气门关闭不严，充气效率下降，进而导致动力下降，排放升高等问题。在汽油中添加具有清洁作用的汽油清净剂，可以有效地减少沉积物的生成，甚至清除已经生成的沉积物，使发动机保持并恢复良好的工作状态。

②缸内直喷系统（GDI）。GDI 是将汽油直接喷射到发动机汽缸内进行燃烧做功的系统，该系统和柴油机的高压共轨系统非常相似，由低压油泵、输油管、高压油泵、高压油

轨、喷油嘴等零件构成。汽油机缸内直喷系统的喷射压力一般可达 15 ~ 20MPa，为解决排放污染等问题，直喷汽油机的喷射压力也有升高的趋势。高压油轨的压力和喷油脉宽由电子控制系统控制，以达到和进气量的完全匹配。GDI 系统可以更加精确地控制空燃比，达到节省燃料的目的。GDI 系统常与增压器同时使用，与涡轮增压器同时使用的系统称为直喷增压（TGDI 或 TSI）系统，由于涡轮增压系统产生的进气涡流可以更好地在短时间内完成燃油的雾化，因此使用 TGDI 系统的发动机通常具有更低的排放和油耗。

GDI 发动机将燃料直接喷射进入汽缸，通过控制喷油和进气进而控制混合气在汽缸内的分布，使混合气集中在火花塞周围，再通过在做功冲程的多次点火实现分层稀薄燃烧。分层稀薄燃烧有助于提升经济性。传统燃烧方式中影响热效率的因素之一是汽缸壁无法绝热，导致热能通过传导流失，分层稀薄燃烧提升经济性的原因之一是通过分层燃烧首先在混合气外层产生一层惰性气体层，充当绝热层，阻碍热量的传导流失；另一个原因是在奥托循环下，压缩比越高，热效率越高，但对于汽油机，当采用常规的匀质燃烧时，燃油和空气是近似于均匀混合的，当压缩比提高到一定程度时，会导致汽缸壁等位置的汽油被压缩造成的高温点燃，在不适当的时机发生燃烧，导致爆震现象的发生，从而导致发动机损坏，因此发动机的压缩比不能无限提高，采用分层稀薄燃烧后由于在汽缸壁周围形成了一层“保护层”，阻止了爆震的发生，因此分层稀薄燃烧可以实现更高的压缩比，提高热效率。但分层稀薄燃烧会导致 NO_x 排放量的增加，通常需要使用废气再循环（EGR）系统和汽油颗粒过滤器（GPF）来控制污染物的排放，GPF 对燃油中的硫含量非常敏感，燃油中的硫在燃烧时会转化为硫酸盐，形成颗粒物进入 GPF 中形成无法消除的颗粒物，阻碍 GPF 的再生。

但需要注意的是，由于 GDI 系统雾化时间短，一部分未完全雾化及燃烧的汽油会进入油底壳，造成润滑油的燃油稀释，故对润滑油的质量要求较高。另外，和使用 PFI 系统几乎不产生颗粒物不同，使用 GDI 系统的内燃机未完全雾化的细小汽油微粒在汽缸中不完全燃烧会产生少量的颗粒物，并排放到大气中，造成一定的颗粒物污染问题。采用 GDI 系统的发动机，由于燃料不通过进气门，因此进气门上通常不会存在由汽油碳化产生的沉积物，但会存在较多的由润滑油形成的沉积物。此时，进气门上的沉积物不能通过使用汽油清净剂清除，这是 GDI 发动机的固有缺陷。GDI 系统的喷油嘴在汽缸内，工作温度较高，残留的汽油被碳化形成沉积物，堵塞喷油嘴，可以通过使用汽油清净剂对喷油嘴内的沉积物进行清除。为了解决这些问题，有的厂家又开发了 PFI 和 GDI 混合使用的发动机，在较高工况时使用 GDI 喷射，较低工况时使用 PFI 喷射，从而弥补两种喷射方式的缺点。图 2-5为进气道喷射与缸内直喷的差别。

直喷增压发动机主要有大众的 TSI 系列发动机（EA211、EA888）；福特蒙迪欧、福克斯等车型使用的 CAF488WQ2（2.0T）、GTDIQ2（1.6T）等型号的发动机；通用别克昂科威的 LTG（2.0T）；雪铁龙 THP 系列发动机 EP6（1.6T）、EP8（1.8T）等。

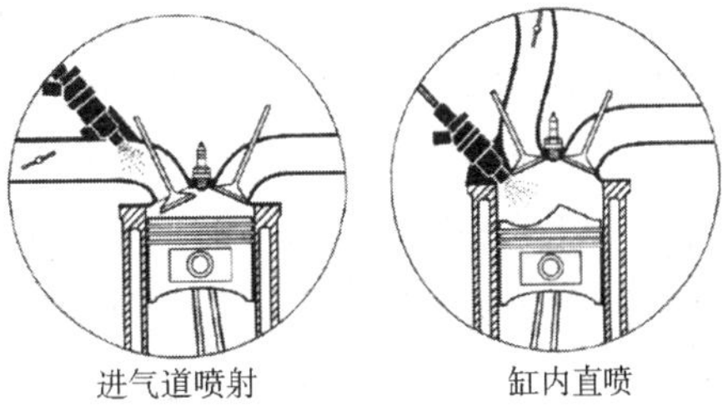

图 2-5　进气道喷射与缸内直喷的差别

2.1.2 汽油机的压缩比与汽油的抗爆性

汽油机的压缩比一般为8～10，高压缩比汽油机能达到10～12。压缩比直接影响所使用汽油的抗爆性要求，压缩比越高，要求使用的汽油抗爆性越好，否则燃油与空气混合后，在高温高压的环境下过早自燃，汽油机内的温度和压力迅速升高，形成爆燃。爆燃是导致发动机爆震的主要原因，另外汽油机点火时机错误、沉积物过多、发动机温度过高等因素也会产生爆震现象。过大爆震会导致功率降低、油耗增加、零部件损坏等不良影响，因此必须减少甚至消除爆震现象的发生。虽然汽油机通常装有爆震传感器，当发生爆震时会调整点火正时以减少爆震，但同时也会增加油耗、加大冷却系统负荷并使尾气中有害物排放增多。因此汽油机必须按照厂商规定的牌号加注汽油。

2.1.3 排放法规对汽油机和汽油的要求

2.1.3.1 汽油排放法规的要求及汽油机结构的改进

汽油机的排放污染物主要包括一氧化碳（CO），总碳氢（THC），氮氧化物（NO_x）三种，从国家五阶段排放标准开始国家对汽油车的颗粒物（PM）排放也做出了控制要求。

我国在2000年1月1日全面实行了相当于欧Ⅰ限值的GB 14761—1999标准，后来该标准于2001年4月16日被GB 18352.1—2001《轻型汽车污染物排放限值及测量方法（Ⅰ）》代替，2004年等效于欧Ⅱ标准的GB 18352.2—2001《轻型汽车污染物排放限值及测量方法（Ⅱ）》开始实施。至今，全国大部分地区都在已经执行新车必须满足国Ⅳ或者国Ⅴ阶段轻型车排放法规，相应的法规为GB 18352.3—2005《轻型汽车污染物排放限值及测量方法（中国Ⅲ、Ⅳ阶段）》及GB 18352.5—2013《轻型汽车污染物排放限值及测量方法（中国第五阶段）》。轻型车既包括汽油车也包括柴油车，采用整车测试认证的形式，即将整车置于底盘测功机上完成适当的循环并测量其排放及油耗的方法，因此法规中同时规定了点燃式和压燃式的限值。2016年，环境保护部发布了《轻型汽车污染物排放限值及测量方法（中国第六阶段）》（GB 18352.6—2016）标准，简称轻型车国Ⅵ排放标准，于2020年开始分6a和6b两个阶段实施。该标准规定了轻型汽车在常温和低温下排气污染物、实际行驶排放（RDE）排气污染物、曲轴箱污染物、蒸发污染物、加油过程污染物的排放限值及测量方法，污染控制装置耐久性、车载诊断（OBD）系统的技术要求及测量方法，还规定了轻型汽车型式检验的要求和确认，生产一致性和在用符合性的检查与判定方法。仅从限值水平来看，轻型汽车国6a阶段限值略严于欧洲第六阶段排放标准限值水平，比美国Tier3排放标准限值要求宽松；国6b阶段限值基本相当于美国Tier3排放标准中规定的2020年车队平均限值。如果考虑到测试程序的不同，以及RDE法规和PN限值的引入，可以说国Ⅵ标准是目前世界上最严格的排放标准之一。但根据我国的情况，轻型车大部分为汽油机。目前我国的测试循环沿用欧盟的NEDC循环，国Ⅵ阶段改用WLTC循环。轻型车法规要求较复杂，表2-1简要介绍国Ⅳ、国Ⅴ阶段污染物排放限值，表2-2和2-3介绍了国Ⅵ阶段污染物排放限值。

表 2-1　国Ⅳ、国Ⅴ阶段污染物排放限值

项目			基准质量（RM①）/kg	限值/（g/km）													
				CO		THC		NMHC		NO_x		THC + NO_x		PM		PN	
				L1		L2		L3		L4		L2 + L4		L5		L6	
				点燃式	压燃式	点燃式	压燃式	点燃式	压燃式	点燃式	压燃式	点燃式	压燃式	点燃式	压燃式	点燃式	压燃式
Ⅳ	第一类车		全部	1	0.5	0.1				0.08	0.25		0.3		0.025		
Ⅳ	第二类车	Ⅰ	RM≤1305	1	0.5	0.1				0.08	0.25		0.3		0.025		
Ⅳ	第二类车	Ⅱ	1305 < RM ≤1760	1.81	0.63	0.13				0.1	0.33		0.39		0.04		
Ⅳ	第二类车	Ⅲ	1760 < RM	2.27	0.74	0.16				0.11	0.39		0.46		0.06		
Ⅴ	第一类车		全部	1	0.5	0.1		0.068		0.06	0.18		0.23		0.0045		$6*10^{11}$
Ⅴ	第二类车	Ⅰ	RM≤1305	1	0.5	0.1		0.068		0.06	0.18		0.23		0.0045		$6*10^{11}$
Ⅴ	第二类车	Ⅱ	1305 < RM ≤1760	1.81	0.63	0.13		0.09		0.075	0.235		0.295		0.0045		$6*10^{11}$
Ⅴ	第二类车	Ⅲ	1760 < RM	2.27	0.74	0.16		0.108		0.082	0.28		0.35		0.0045		$6*10^{11}$

①*RM* 为车辆的基准质量，等于车辆的整备质量加 100kg。

表 2-2　国Ⅵ阶段轻型车Ⅰ型试验污染物排放限值（6a）

项目			测试质量（*TM*）/kg	限值/（g/km）						
				CO/（mg/km）	THC/（mg/km）	NMHC/（mg/km）	NO_x/（mg/km）	NO_2/（mg/km）	PM/（mg/km）	PN①（个/km）
6a	第一类车		全部	700	100	68	60	20	4.5	6.0×10^{11}
6a	第二类车	Ⅰ	*TM*≤1305	700	100	68	60	20	4.5	6.0×10^{11}
6a	第二类车	Ⅱ	1305 < *TM*≤1760	880	130	90	75	25	4.5	6.0×10^{11}
6a	第二类车	Ⅲ	1760 < *TM*	1000	160	108	82	30	4.5	6.0×10^{11}

①2020 年 7 月 1 日前，汽油车适用 6.0×10^{12} 个/km 的过渡限值。

表 2-3　国Ⅵ阶段轻型车Ⅰ型试验污染物排放限值（6b）

项目			测试质量（*TM*）/kg	限值/（g/km）						
				CO/（mg/km）	THC/（mg/km）	NMHC/（mg/km）	NO_x/（mg/km）	NO_2/（mg/km）	PM/（mg/km）	PN①/（个/km）
6b	第一类车		全部	500	50	35	35	20	3.0	6.0×10^{11}
	第二类车	Ⅰ	$TM\leqslant1305$	500	50	35	35	20	3.0	6.0×10^{11}
		Ⅱ	$1305<TM\leqslant1760$	630	65	45	45	25	3.0	6.0×10^{11}
		Ⅲ	$1760<TM$	740	80	55	50	30	3.0	6.0×10^{11}

①2020 年 7 月 1 日前，汽油车适用 6.0×10^{12} 个/km 的过渡限值。

为了满足排放法规的要求，汽油机的结构做出了较大的改进。包括多点电子控制喷射技术（SFI）、可变气门正时（VVT）、涡轮增压、缸内直喷（GDI）等技术陆续被使用到汽油机上，这些技术不但极大地降低了汽油机的排放水平，同时增强了动力，降低了燃油消耗，改进了驾乘感受。从这个角度讲，排放法规也同时促进了内燃机技术水平的进步。

2.1.3.2　汽油车用催化转化器及其对汽油的要求

由于目前大多数汽油机主要是工作在理论空燃比状态的，理论上讲是可以实现氧气和燃油的完全反应生成二氧化碳和水，但由于技术水平和各方面条件的限制，总是会产生一定量的 CO、HC 和 NO_x 排放。汽油车使用最多的尾气处理系统是三元催化器。三元催化器采用铂、钯、铑等几种贵金属作为催化剂，涂敷在蜂窝状载体上，封装在排气管中。在达到足够的排气温度的条件下，优良的三元催化器可以使绝大部分的 CO、HC 和 NO_x 发生反应生成无害的 CO_2、H_2O 和 N_2。图 2-6 显示了三元催化器的结构。

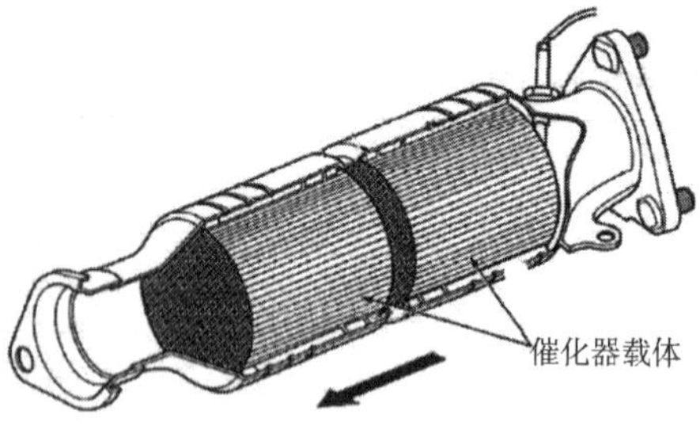

图 2-6　三元催化器结构

三元催化器在使用中会逐渐失活（也叫老化），主要包括热老化和化学中毒两方面。在正常使用的理想条件下，催化剂由于高温的作用会逐渐失去活性，从而使污染物转化率下降。化学中毒是指汽油中的硫元素、锰元素、硅元素、润滑油中的磷元素等的燃烧产物造成催化器的中毒，进而导致催化器失效。目前国Ⅳ阶段的催化器要求使用寿命不少于 100km，而国Ⅴ阶段催化器要求使用寿命不少于 160km。

除了三元催化器外，目前可以使用在汽油机上的催化器形式还有稀燃氮氧捕集催化器（LNT）等，通常使用在稀燃汽油机上。

2.1.4 柴油发动机原理及结构

柴油发动机（简称柴油机），即以柴油为燃料的往复式活塞发动机。柴油机具有热效率高、结构简单、皮实耐用、扭矩大等优点，其缺点主要表现在噪声大、废气污染物排放量大等方面。通常柴油机可分为轻型柴油机和中重型柴油机。在国内，中重型柴油机主要应用于货运车辆、大中型客运车辆、非道路工程机械、发电机等领域。一部分越野车及皮卡使用轻型柴油机作为动力，此外少量轿车也在使用轻型柴油机作为动力。柴油机排气污染物浓度较高，通常需要依赖安装精密复杂的排放控制系统才能够达到现行排放标准。按排放限值分类，目前车用柴油机可分为满足国Ⅰ到国Ⅵ排放水平，数字越小，污染物排放量越大。

2.1.4.1 柴油机工作原理

柴油机的点火方式是压燃式。柴油发动机有二冲程和四冲程两种类型，这里只介绍广泛使用的四冲程柴油机的工作过程，见前面图 2-1。

（1）进气冲程

进气门打开，排气门关闭，活塞向下运动，使汽缸内产生负压，把空气从进气歧管吸入汽缸。

（2）压缩冲程

进气门关闭，排气门关闭，汽缸内形成一个封闭的空间，活塞向上运动，压缩缸内空气，压力和温度上升。柴油机的压缩比很高，通常可以达到 15～22，根据理想气体状态方程：

$$pV = nRT$$

式中 p——理想气体的压强；

V——理想气体的体积；

n——气体物质的量；

T——理想气体的热力学温度；

R——理想气体常数。

压缩后柴油机汽缸内空气可以达到很高的温度。

（3）做功冲程

进气门关闭，排气门关闭，喷油器向汽缸内喷入雾化的柴油，柴油与缸内高温空气混合产生自燃，缸内压力和温度迅速上升，燃气膨胀推动活塞向下运动。

（4）排气冲程

进气门关闭，排气门打开，活塞向上运动，缸内废气通过排气门排出，然后重新回到吸气冲程，如此循环往复，使发动机运转起来。

2.1.4.2 柴油发动机的结构

柴油发动机由汽缸体、活塞、连杆、曲轴、油底壳、气门机构、机油泵等众多零件组成。按其功能分类，可以分为冷却系统、润滑系统、进气系统、燃油供给系统等。

（1）冷却系统

柴油机冷却系统的主要分为两种，水冷式和风冷式，目前车辆上更多装配的是水冷系统。水冷系统包括水泵、风扇、节温器、散热器等零部件，与汽油机结构相似，见图2-3。其中，水泵为内燃机水循环系统内的冷却介质（通常为冷却液）提供循环的动力，使在发动机水套内受热的冷却液在冷却器内得到冷却。冷却液的主要成分通常为乙二醇、蒸馏水和一些添加剂，具有凝点低、沸点高、防止生锈等特点，可以有效地保护发动机，仅在冬季使用冷却液的做法是错误的。

（2）润滑系统

柴油机润滑系统的主要零件包括机油泵、机油冷却器、机油滤清器等。柴油机对润滑油的要求与汽油机有一定的不同。这主要是由于柴油机产生较多的颗粒物，进入到润滑油中，会导致柴油的黏度、酸值、碱值等指标显著变化，从而使润滑油失去对发动机的保护作用。

在降低柴油硫含量的过程中，出现了低硫油品导致燃料供给系统磨损的问题。为了解决这个问题，可以在燃油中添加一些无毒害、可燃烧的润滑性改进剂，以改进柴油的润滑性。

（3）进气系统

柴油机进气系统的主要工作是确保空气按照标定的压力和流量在适当的时机进入汽缸，以保证发动机具有与燃料相匹配的空气用于燃烧做功。进气系统主要由空气滤清器、进气流量计、增压器、增压中冷器、进气压力传感器、进气歧管等零部件组成。为了提高柴油机的功率密度，改善排放，提高燃油经济性，涡轮增压器目前广泛地应用于柴油机。

（4）燃油供给系统

燃油供给系统对柴油机的动力性、经济性、排放特性有至关重要的作用，目前在用的柴油机燃料供给系统主要有机械泵喷射系统、电控单体泵系统及高压共轨系统等。随着排放法规的不断严格，柴油机的供给系统正广泛地由机械式燃油泵系统转变为电控共轨高压燃油泵系统。

①机械泵喷射系统。自1927年德国博世公司研制成功使用带有螺旋槽的柱塞来调节喷油量的机械式喷油泵以来，机械泵喷射系统一直沿用至今。

典型的柴油机机械泵燃料喷射系统由低压油路、输油泵、柴油滤清器、高压油路和调节系统（机械离心式调速器与供油提前器）组成。这种系统的核心是由喷油泵、高压油管与喷油器组成的，因此也被称为“泵、管、嘴”系统。其工作原理是：低压油泵将经过过滤的柴油泵送到高压油泵，高压油泵在适当的时机将燃油压力升到足够高，并按照各个汽缸运行的相位在适当时机通过高压油管和喷油器喷入到汽缸内。该系统属于“脉动式”喷油系统。高压油泵采用柱塞式结构。“泵、管、嘴”系统的优点是布置灵活、维修方便。其缺点主要有：燃油经济性较差、排放性较差。

传统的机械泵燃料喷射系统目前在我国主要应用于满足国Ⅱ或更低排放法规要求的柴油机。

②电控单体泵喷射系统。为了解决机械泵难以精确控制喷油时机和喷射量的问题，在机械泵的基础上加装电子元件产生了电控单体泵喷射系统。电控单体泵有多种结构，但与机械泵一样，通过油管内的压力脉动顶开喷油器内的弹簧，并将柴油喷射到汽缸中。与机械泵不同的是，电控单体泵通过每个柱塞单元加装的电磁阀来控制喷油时机和喷油量，实现了喷射的电子控制，相比机械泵结构，其控制精度更高，能够满足更高的排放法规的要求。并且结构相对简单，成本较低，皮实耐用，是一个较好的过度方案，多用于国Ⅲ阶段的柴油机。

但由于电控单体泵由于结构的局限性，通常无法实现多次喷射，并且喷油嘴的弹簧由于是机械结构，存在疲劳问题，需要依赖经常校准以达到精确的喷射，技术进一步发展的潜力相对较小。因此满足国Ⅳ、国Ⅴ及更高排放标准的发动机通常使用高压共轨喷射系统。

③高压共轨喷射系统。高压共轨喷射系统主要由电子控制系统（ECU）、低压油路、高压油泵、高压油轨、电控喷油器等零件组成。其中，低压油路将经过过滤的柴油泵送到高压油泵，高压油泵按照 ECU 内的程序，根据柴油机运行的转速和负荷将油轨内的压力恒定在程序设定的压力；而喷油器则根据转速和负荷在 ECU 的控制下通过控制喷油脉宽的方法喷入指定量的柴油。高压共轨系统的喷射压力高（可达 100～200MPa 的水平），因此燃料雾化更加完全，通过调整喷油脉宽和喷油提前角，可以更精确地控制柴油在缸内的燃烧。高压共轨系统通常与涡轮增压器共用，以提高功率密度及降低柴油消耗率和排放。高压共轨系统的优点主要有：燃油经济性好、排放特性好。缺点主要是成本高，系统复杂。可以通过观察是否有高压油轨的方法确定柴油机是否配备了高压共轨系统，进而可以对其排放特性进行初步的判断。图 2－7 为高压共轨系统结构。

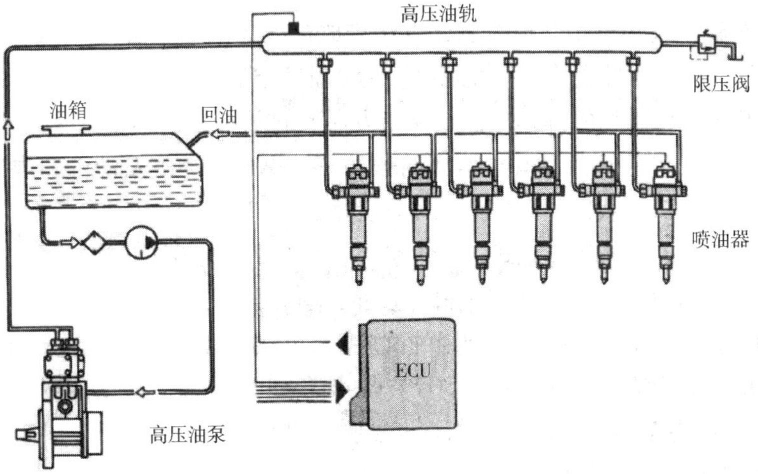

图 2－7　高压共轨系统结构

2.1.5 柴油发动机对柴油的要求

机械泵和电控单体泵由于结构相对简单，对柴油要求相对较低。高压共轨发动机为了实现对柴油喷射量和喷射时机的精确控制，喷油器中精密偶件的间隙、控制节流孔和喷油孔的直径都非常小，喷油嘴的喷孔直径通常为0.12～0.22mm，这就对柴油的润滑性和杂质含量提出了较高的要求，如机械杂质含量高，会导致共轨系统磨损、卡滞和堵塞；柴油中的水分可导致喷射系统生锈、穴蚀、导致磨损等。而如果柴油本身润滑性差，产生的磨损会导致间隙变大，系统失效。

2.1.6 排放法规对柴油机和柴油的要求

柴油在燃烧时会产生氮氧化物（NO_x）、碳氢化合物（HC）、一氧化碳（CO）及颗粒物（PM）等有害物质，会损害公众的身体健康，不利于环境保护。虽然大家都认同内燃机污染物的危害，但如果使用大量的减排技术，会显著地提高内燃机成本，并在一定程度上影响内燃机的经济性和动力性，与制造商及用户的短期利益不一致。因此内燃机的排放控制工作始终是在各国政府和国际组织的一系列排放法规的指导和管制下开展的。与汽油机相比，柴油机的污染物排放量较大，尤其是NO_x和PM的排放量较汽油机大得多。通常柴油机的PM排放中，几乎全部都属于PM2.5，对人体危害较大。

在20世纪末，我国开始逐步参照欧盟的排放法规建立了相应的汽车排放法规，陆续出台了国Ⅰ至国Ⅵ的柴油机排放法规。各个阶段逐步对柴油机的各项污染物进行了逐步加严。柴油机的排放污染物是按照g/kWh进行控制的。在目前的技术水平下，要满足国Ⅳ及后续阶段的法规要求，柴油机必须加装污染物后处理系统，主流的污染物后处理系统路线包括SCR路线和DPF路线。

2.1.6.1 柴油排放法规的要求及柴油机结构的改进

国家质量技术监督局1999年3月10日曾发布GB 17691—1999《压燃式发动机和装用压燃式发动机的车辆排气污染物限值及测试方法排放标准（国Ⅰ、国Ⅱ)》。2001年4月16日，国家环境总局、国家技术监督检验检疫总局重新更新发布了此标准，即GB 17691—2001《车用压燃式发动机排气污染物的排放限值及测量方法》排放标准。2005年两部委对GB 17691标准进行了更新，规定了国Ⅲ、国Ⅳ、国Ⅴ阶段的柴油机（及燃气发动机）排放限值和测量方法。2015年1月1日，我国重型柴油机Ⅳ阶段排放法规正式开始实施。2016年10月环境保护部组织研究起草的《车用压燃式、气体燃料点燃式发动机与汽车排气污染物排放限值及测量方法（中国第六阶段)》（征求意见稿）发布，向社会征求意见。

重型柴油机排放污染物测试是在专用的试验室、由专用测试设备完成专用的测试循环，将各个工况点的污染物浓度进行加权平均计算得出的。国Ⅲ～国Ⅴ阶段的测试方法主要有稳态循环（ESC)、瞬态循环（ETC)、负荷烟度试验（ELR）等。国Ⅰ～国Ⅴ阶段稳态循环污染物排放限值如表所示，其中国Ⅰ、国Ⅱ阶段采用13工况法，国Ⅲ～国Ⅴ阶段采用ESC方法。

表2-4列举了国Ⅰ～国Ⅴ阶段柴油机污染物稳态排放限值要求。

表 2-4　国Ⅰ～国Ⅴ阶段重型柴油机排放法规稳态循环（ESC）测试限值

阶　段	CO/（g/kWh）	HC/（g/kWh）	NO_x/（g/kWh）	PM/（g/kWh）	
				≤85kW①	>85kW①
Ⅰ	4.5	1.1	8.0	0.64	0.36
Ⅱ	4.0	1.1	7.0	0.15	0.15
Ⅲ	2.1	0.66	5.0	0.10	0.13①
Ⅳ	1.5	0.46	3.5	0.02	
Ⅴ	1.5	0.46	2.0	0.02	

①对每缸排量低于 0.75dm^3 及额定功率转速超过 3000r/min 的发动机。

为了达到排放法规的要求，并尽量降低成本，柴油机生产商必须采用具有可延续性的技术路线，并在每个阶段增加相应的污染物控制装置（如高压共轨、后处理系统等）。目前，国Ⅲ阶段普遍使用电控单体泵或高压共轨技术。虽然电控单体泵系统本身成本较低，但共轨技术由于可以通过修改标定和增加后处理系统升级为满足国Ⅳ要求的发动机，因此是相对主流的技术。

由于柴油机在运行时，长期处于富氧状态，在高温高压下，空气中的氮气（N_2）和氧气（O_2）发生反应，生成一氧化氮（NO），并在大气中逐步氧化为具有较强毒性的二氧化氮（NO_2），NO 和 NO_2 统称 NO_x。如果增加燃料的供应，虽然可以减低 NO_x，则会增加 PM 的生成，而这两种污染物都是必须要控制的。工程上，通过在发动机内减少 NO_x 或者 PM，而相应地使用后处理装置减低 PM 或者 NO_x，这就是国Ⅳ、国Ⅴ阶段柴油机的两种技术路线。在发动机内减少 NO_x 生成，并通过在排气系统加装颗粒捕集器（DPF）降低 PM 的技术路线称为 EGR－DPF 路线；在发动机内减少 PM 生成，并通过选择性催化还原系统（SCR）降低 NO_x 的技术路线称为 SCR 路线。

2.1.6.2　后处理系统及对柴油的要求

目前，我国国Ⅳ阶段柴油机大部分使用 SCR 路线，但在城市公交等低速运行的车辆上，通常认为 DPF 系统具有更好的减排效果。当排放要求达到国Ⅵ阶段，需要将 DPF 系统与 SCR 系统联合使用。

柴油中影响柴油机后处理系统的指标是硫含量。柴油中的硫含量不仅会影响二氧化硫（SO_2）和 PM 的排放量，还会在柴油机内燃烧生成硫酸盐，堵塞后处理系统。因此在国Ⅳ阶段以后，必须使用符合相应排放标准的柴油，以保护后处理系统。

EGR－DPF 路线最初在北美进行应用。EGR，即废气再循环系统，通过使用一个旁通阀，将一部分废气导入到进气中，进入汽缸再次参与燃烧，降低燃烧温度进而降低 NO_x 排放量，但该方法会显著增加 PM 排放，因此在排气管中增加 DPF，可以收集 95% 以上的颗粒物。当颗粒捕集器中的碳烟累积到一定程度时，控制系统会通过喷油使碳烟在 DPF 内燃烧，该过程称为“再生”过程。燃油中的硫元素、润滑油中的磷元素等会显著影响 DPF 的使用寿命。这是由于燃油中的硫元素在燃烧过程中会生成在柴油机排气温度下难以分解的硫酸盐，沉积在 DPF 表面，此类物质无法通过“再生过程”分解，经过一段时间的累积会完全堵塞 DPF 的孔道，进而导致排气背压过大，发动机无法正常工作。因此 EGR－DPF 路线对燃油硫含量和润滑油灰分提出了较高的要求，通常 EGR－DPF 路线要求燃油中的硫含量低于 50μg/g。同时，由于 DPF 采用壁流式结构，因此会有较高的排气背压，会使燃油消耗量有少量的增加。2010 年美国实施 EPA2010 排放法规后，柴油车普遍使用 SCR 与 DPF 联合系统。

SCR 路线最初在欧洲展开应用。SCR 系统通过在排气管中喷入柴油车尾气处理液（车用尿素溶液），通过热解、水解反应在排气管内生成氨气（NH_3），并在 SCR 催化器中使 NO_x 和 NH_3 进行反应，生成无害的氮气（N_2）和水（H_2O），一个完整的 SCR 系统包括尿素罐、尿素泵、尿素喷嘴、混合器、SCR 催化器、NO_x 传感器等组成。SCR 技术路线通过提高燃油喷射系统轨压、减少燃油喷射量来减少 PM 的生成，可以一定程度上降低油耗。同时，SCR 对燃油中的硫含量相对不敏感（要求硫含量小于 500μg/g）。但 SCR 路线中，柴油车尾气处理液使用量较大，其质量会对整个系统的可靠性产生较大的影响，一旦使用不合格的柴油车尾气处理液，会造成排气管路堵塞、油耗增加、催化器失效、氨气泄漏等严重危害，必须引起重视。

图 2－8 和图 2－9 为 SCR 及 DPF 系统的结构示意图。

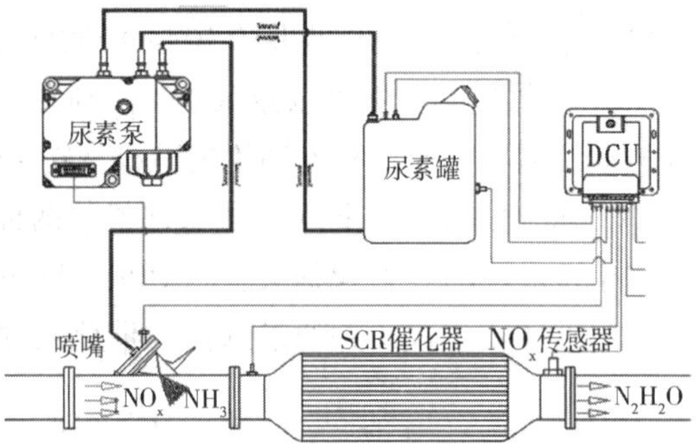

图 2－8　SCR 系统结构示意图

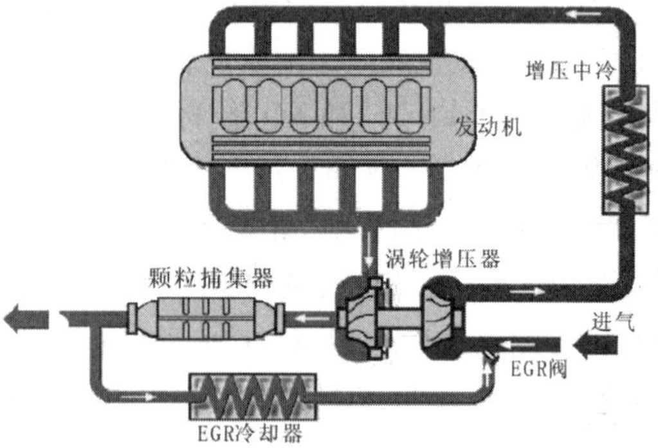

图 2－9　DPF 系统结构示意图

目前，欧美等发达国家和地区的柴油机排放要求已经达到欧Ⅵ标准（或相似限值），尾气后处理系统普遍采用 SCR＋DPF 系统，要求柴油中的硫含量不大于 10μg/g。

2.2　汽柴油主要理化指标及其意义

2.2.1　汽油主要理化指标及其意义

2.2.1.1　辛烷值

辛烷值是在标准发动机试验或行车试验中通过与标准燃料比较得到的抗爆性能的数字指标。

研究法辛烷值（RON）是使用标准 CFR 发动机，在特定的进气温度和较低的发动机转速（600r/min ±6 r/min）条件下，通过比较待测试样与正标准燃料的爆震强度得到的抗震性能的数字指标。

马达法辛烷值（MON）是使用标准发动机，在较高的混合气温度（一般加热至149℃）和较高的发动机转速（900r/min ±9r/min）条件下，通过比较待测试样与正标准燃料的爆震强度得到的抗震性能的数字指标。

马达法辛烷值和研究法辛烷值都是在专门的单缸发动机上，在规定的试验条件下，将试样与参比燃料的爆震倾向相比较而测定出的，两者都不能全面反映车辆运行中燃料的抗爆性，需要引入抗爆指数的概念。抗爆指数（AKI）指研究法辛烷值和马达法辛烷值的算术平均值。

（1）指标技术要求

《车用汽油》GB 17930—2016 标准中，辛烷值的技术要求见表 2-5。

表 2-5 车用汽油辛烷值指标技术要求

项目	质量指标			
	车用汽油（Ⅴ、ⅥA、ⅥB）			
	89	92	95	98
抗爆性研究法辛烷值（RON）不小于	89	92	95	98
抗爆指数（RON + MON）/2 不小于	84	87	90	93

注：（1）车用汽油牌号与国际接轨，参照欧洲标准进行命名；

（2）有条件生产和销售 98 号车用汽油（Ⅴ）的企业，技术要求按附录 A.1 执行；有条件生产和销售 98 号车用汽油（ⅥA）及 98 号车用汽油（ⅥB）的企业，技术要求按附录 A.2 执行。

（2）指标对使用的意义

①划分车用汽油的牌号。根据 GB 17930—2016 车用汽油标准，车用汽油（Ⅳ）按研究法辛烷值分为 90 号、93 号和 97 号 3 个牌号（过渡期至 2016 年 12 月 31 日）；车用汽油（Ⅴ、ⅥA、ⅥB）按研究法辛烷值分为 89 号、92 号、95 号、98 号 4 个牌号。

②评定车用汽油的抗爆性能

辛烷值越高，油品的抗爆性能越好。通常高压缩比发动机，需选用辛烷值高（高牌号）的油品。当车辆选用低于推荐牌号的汽油时，使用中可能会出现以下异常或危害：

（a）产生发动机爆震现象；

（b）气缸等零部件损坏；

（c）发动机功率下降；

（d）排放黑烟；

（e）油耗增加。

有些汽油研究法辛烷值达到或高于指标要求，但是抗爆指数却低于指标要求，使用这类油品的车辆在高速或爬坡行驶时，会感觉发动机动力不足，油耗增加。

（3）辛烷值与烃类组成的关系

①同一类烃类物质，辛烷值随相对分子质量的增大而降低；

②当相对分子质量相近时，或分子中 C 原子数相同时，烃类对汽油辛烷值的贡献大小

依次为：芳烃 > 异构烷烃或异构烯烃 > 环烷烃和烯烃 > 正构烷烃。

（4）辛烷值与炼油工艺的关系

高辛烷值、低烯烃、低芳烃、富含氧的清洁汽油是汽油发展的趋势。不同炼制工艺所获得的产品辛烷值不同：

①常减压工艺生产的汽油也叫做直馏汽油，其特点是不含烯烃，辛烷值低。

②催化裂化工艺生产的汽油，其研究法辛烷值约 80 ~ 95。富含烯烃，密度低、辛烷值较高。

③渣油焦化工艺生产的焦化汽油的特点是烯烃含量较高，但略低于催化裂化汽油，安定性较差，马达法辛烷值较低。

④催化加氢工艺具有深度加氢、异构能力强等功能，因此所获得的用来调和汽油组分的石脑油具有异构烃含量高、芳烃含量低、基本没有不饱和烃、非烃含量较低等特点，产品辛烷值较低（60 ~ 75）。

⑤催化重整工艺生产的重整汽油辛烷值高，对调和汽油的辛烷值贡献大，重整汽油的辛烷值最高能达到 100 以上。重整汽油作为调和组分的缺点是芳烃含量高，最高可达 80% 以上。

⑥烷基化工艺是将小分子的异构烷烃与小分子烯烃反应，生产的烷基化汽油，它的研究法辛烷值（RON）可达 96，马达法辛烷值（MON）可达 94，抗爆震性能好。

综上，不同炼制工艺生产的汽油组分其辛烷值由高到低依次为：催化重整汽油 > 烷基化汽油 > 催化裂化汽油 > 焦化汽油 > 催化加氢汽油 > 常减压汽油。

（5）辛烷值与汽车发动机的关系

众所周知，汽油的牌号是根据汽油发动机的压缩比来进行选择的。压缩比是指发动机气缸的总容积（即工作容积 + 燃烧室容积）与燃烧室容积之比，即压缩比 = 气缸的总容积/燃烧室容积。

从发动机的动力性、经济性以及减少排放等方面来说，压缩比越大越好。压缩比高，发动机的热效率高、动力性好，车辆加速性、最高车速等也会相应提高；但是压缩比高，混合气被压缩的程度增大，混合气压力和温度上升迅速，加大了未燃混合气产生自燃和爆震的倾向，需要选择高牌号（辛烷值）的汽油以确保平稳燃烧。汽油的选择应依据汽车供应商推荐的牌号，也可参考国内外典型汽车压缩比相适应的汽油牌号推荐表，如表 2-6 所示。

表 2-6　按照压缩比推荐选用的车用汽油牌号

压缩比	92 号	95 号	98 号
8.0 ~ 8.5	√		
8.5 ~ 9.0	√	√	
9.0 ~ 9.5		√	√
9.5 ~ 10.0		√	√
10.0 以上			√

在选择汽油牌号时，容易犯两种错误，一是为了降低成本，高压缩比汽车选择使用低牌号油。这种“省钱”的做法非常不可取，因为低牌号油的抗爆性达不到要求，很容易产生爆震，对发动机的损坏非常大。二是频繁更换汽油牌号。很多汽车的电控系统，可以根据汽油辛烷值的大小，自动调校和修正点火角，如在使用低牌号汽油时，点火提前角会稍微前移，使用高牌号汽车，点火提前角则会自动向后微移。如果频繁更换汽油牌号，会让发动机难以适应，增加不必要的磨损。还有一类做法也是不可取的，低压缩比发动机选择高牌号汽油，虽然可避免发动机爆震的现象，但是由于汽缸压力无法达到一定的数值，高牌号汽油无法充分燃烧，不仅影响了发动机充分发挥动力，造成金钱上的浪费，还容易产生积炭。

（6）辛烷值与其他添加物的关系及与其他指标的关联性

汽油中加入某些添加物可提高汽油的辛烷值和抗爆能力。主要有以下两类：

①含有金属的有灰类添加物，如烷基铅、MMT（甲基环戊二烯三羰基锰）、二茂铁等，加入微量就可以提高汽油辛烷值。但此类添加物在燃烧后会形成灰质，这些灰质能使汽车尾气处理装置中的三元催化剂中毒而失效，也会对汽车其他器件如氧传感器产生不利影响。此类添加物对车辆的影响，将在书中的其他章节中作进一步的介绍。

②有机无灰类含氧化合添加物，如 MTBE、乙醇、甲醇、酯类、醚类，此类添加物也可以提高汽油的辛烷值，相对而言，使用醚类的添加物要安全一些。但是，甲醇和酯类添加物，化学活性相对较高，容易使橡胶和塑料溶胀老化。过量添加醚类添加剂，会使汽车的驾驶性能下降，为此，国际上多数汽油标准控制醚类添加物，通过控制氧含量不高于 2.7% 来控制醚类添加物的添加量。实际工作中，生产企业为了使 95 或 98 号车用汽油的辛烷值达到标准规定的范围，或多或少都要添加 MTBE，所以，质检人员在高标号汽油的验收实验中，会检测出含有 MTBE 的组分，一般在 10% ~14%。

综上所述，与辛烷值有关联的理化指标主要有：锰含量、氧含量、烯烃含量、芳烃含量、甲醇含量，这些理化指标与辛烷值成正相关关系。

2.2.1.2　馏程

馏程是用初馏点和终馏点表征的油品馏分温度范围。

初馏点是在规定条件下进行蒸馏时，从冷凝管的末端滴下第一滴冷凝液瞬时所观察到的校正温度计读数。

终馏点是油品在常压蒸馏特性测定中得到的最高校正温度计读数。

蒸馏曲线是所蒸馏油品的馏出质量或体积百分数与所记录的温度读数的函数关系的图解表示。

（1）指标的技术要求

《车用汽油》GB 17930—2016 标准中，馏程的技术要求见表 2-7。

表 2-7 车用汽油馏程指标技术要求

项 目	质量指标	
	车用汽油（Ⅴ）	车用汽油（ⅥA、ⅥB）
	89 号、92 号、95 号、98 号	89 号、92 号、95 号、98 号
馏程/℃		
10%蒸发温度不高于	70	70
50%蒸发温度不高于	120	110
90%蒸发温度不高于	190	190
终馏点不高于	205	205
残留量/%不大于	2	2

（2）指标对使用的意义

①馏程是表示油品蒸发性大小的指标，从馏程可以了解油品的沸点范围，也可以判断组分情况，包括其中的轻质和重质组分的大致含量。

②判断汽油冷启动性能和发生气阻的倾向性。

（a）初馏点是燃料中最轻组分的沸点，标准中对初馏点没有具体要求。初馏点低，表示切割的组分相对较轻，燃料中轻质组分的沸点相对较低，在环境温度高时，易发生气阻现象；初馏点过高，在环境温度低时，车辆预热慢、冷启动性能差。

（b）蒸馏过程中 10%及以下部分，是油品中的轻质组分。标准规定 10%蒸发温度为不高于 70℃，高于 70℃，则发动机冷启动困难，但 10%蒸发温度也并非越低越好，10%蒸发温度越低，表示汽油中轻质组分越多，冷启动越容易，但同时发生气阻的倾向也随之增大，油品储运过程中蒸发损耗也相应较大。

③判断油品的平均蒸发性能。国Ⅴ和国Ⅵ标准汽油规定 50%蒸发温度分别不大于 120℃和 110℃，高于 50%的蒸发温度时，油品的平均蒸发性差，实际使用中会出现车辆提速不畅，油耗增加等情况。50%蒸发温度低，表明油品平均蒸发性能好，发动机冷启动后迅速升温时间短；加速时，油品气化迅速并形成浓度合适的可燃混合气以保证稳定燃烧，缩短提速时间，但 50%蒸发温度过低时，在环境温度高时会发生气阻现象。通常情况下，50%蒸发温度控制在 77～110℃比较适宜。

④判断蒸发是否充分，也可判断重质馏分数量。《车用汽油》标准规定 90%蒸发温度不高于 190℃，90%蒸发温度低，表明油品重质馏分的数量少，蒸发较为充分；如 90%蒸发温度高于 190℃，则表明重质馏分的数量偏多，汽油不能完全蒸发。未经气化的油滴进入燃烧室，会稀释气缸内壁的润滑油，加大气缸磨损，降低气缸密封性能，增加油耗和燃烧不完全的烃类物质排放，使发动机输出功率降低，大气污染物排放增加。

⑤可判断油品重质组分和沉积物趋势。

（a）终馏点代表的是重质馏分的沸点，标准规定，车用汽油终馏点不高于 205℃，如终馏点过高，表明油品中含有不能被完全燃烧的重质成分，在储存和运输过程中终馏点变大，则有可能是油品中混入了重质油品。例如，某加油站在定期监督抽查中发现 92 号汽油终馏点为 219℃，遂调查该批油品出库时质量状况，发现油品出库时，该罐油品的终馏点为 201℃；再查配送车辆，该车为专车专运，铅封完好，运行轨迹正常，且当天配送的其他 2 座加油站油品质量合格，证明油品是进入加油站后发生的混油，经仔细核查加油站每日损溢情况，发现抽检前一日 92 号汽油当日损溢异常，92 号汽油比正常情况长溢了约 50L，而 0 号柴油又比平时短少了约 50L，经分析是当日加油机检定时错将 0 号柴油回至 92 号汽油油罐，经与当天检定人员联系，该检定人员承认当天加油站业务繁忙，配合检定的站长和计量人员都在忙着给客户加油，自己对加油站设备设施不熟悉，在回罐时误开闸阀，回错油品。

（b）残留量的大小可以判断重质馏分和沉积物数量的多少。标准规定车用汽油残留量（体积分数）不大于 2%，残留量大，表明发动机结胶和积垢的倾向大，发动机的磨损增大。

⑥可判断油品组分是否均衡合理，燃烧是否充分稳定。油品的蒸馏曲线应是一条随温度增加，馏出百分数相对均衡增加的曲线，如蒸馏曲线出现一个明显的平台，则表明同一沸点的某种液体物质含量较多，如平台出现在 50% 以下，说明某轻质组分多；如平台出现在 50% 以上，则说明某中质或重质组分多，对于油品的平稳燃烧和油耗来说都是不利的。

（3）馏程与烃类组成的关系

①汽油的沸点范围（馏程）随含碳数增大而增高；

②分子中 C 原子数相同的同一类烃类物质，其同分异构体支链越多，沸点越低。如戊烷，化学式有 3 种同分异构体：正戊烷（沸点 36℃）、异戊烷（系统命名法为“2－甲基丁烷”，沸点 28℃）和新戊烷（系统命名法为“2，2－二甲基丙烷”，沸点 10℃）。

（4）馏程与发动机的关系

①*DI* 值。世界燃油规范中，通过对蒸发指数 *DI* 值的控制，使汽车具有良好的冷启动性、暖机性能和操控性能。$DI = 1.5 \times T_{10} + 3 \times T_{50} + T_{90} + 11 \times$ 氧含量%，T_{10} 即 10% 蒸发温度，T_{50} 即 50% 蒸发温度，T_{90} 即 90% 蒸发温度。研究机构通过试验，找出了 *DI* 值与汽车操控性能的关系如图 2－10 所示，*DI* 值大于 575 时，操控性缺陷值增大。（图中 HC 为纯碳氢汽油，MTBE 为含 MTBE 的汽油，Ethanol 为乙醇汽油）

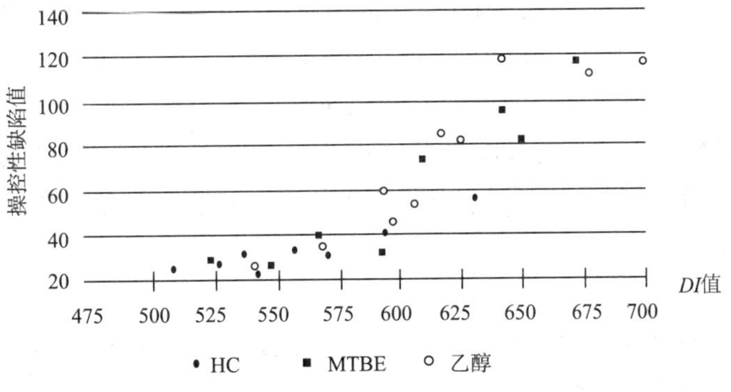

图 2－10　*DI* 值与汽车操控性能的关系

②蒸馏曲线。车用汽油标准中，T_{10}、T_{50}、T_{90}、终馏点、残留量满足指标规定的限值，就可以判定该项指标合格。然而在实际中，有的生产商为了获取更多的利益，调入一些化工产品或一些不利发动机顺畅工作的组分，这类油品按《车用汽油》国家标准检测，各项指标符合要求，但汽车的驾驶性能下降或损坏汽车发动机，造成油品“合格不好用”的状况，此时做出油品的蒸馏曲线，能帮助我们对油品的潜在质量做出正确的分析和判断。研究表明，在炼油厂正规出厂的合格汽油中，加入10%的甲缩醛，蒸馏曲线发生改变。图2-11中，上面曲线为加入甲缩醛之前的合格汽油的蒸馏曲线，加入10%甲缩醛后，下面的蒸馏曲线，在20%～60%的部分，斜率下降，出现一段相对平缓的曲线。

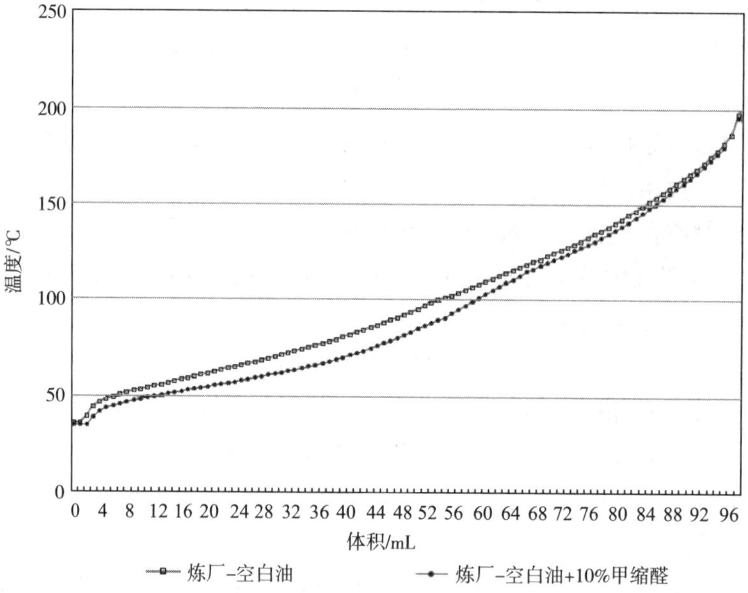

图2-11　10%甲缩醛加入前后的蒸馏曲线

在合格油品中加入10%甲醇，蒸馏曲线也发生改变。图2-12中，上面曲线为加入甲醇之前的合格汽油的蒸馏曲线，加入10%甲醇后，下面的蒸馏曲线，在5%～30%的部分，曲线斜率下降，出现一段相对平缓的曲线。

这样的油品，操控缺陷较大，因此，在油品质量检测时，若发现蒸馏温度与平时差异较大，就要考虑绘制蒸馏曲线，以免“合格不好用”的油品进入销售体系。有一个典型案例：某油库质检人员在做油品蒸馏试验时发现50%蒸发温度为65.5℃，远小于正常情况下的温度，因此他绘制出油品的蒸馏曲线（见图2-13），发现该油品的蒸馏曲线出现明显的“平台”，于是及时上报单位领导，与供货方协商后进行了退货处理，避免了可能发生的质量纠纷和投诉。

（5）馏程与环保的关系

①*DI*值与尾气排放也有直接关系，当蒸发指数*DI*值超过世界燃油规范规定的最高值时，燃油的操控缺陷值和HC排放急剧上升，如图2-14所示。

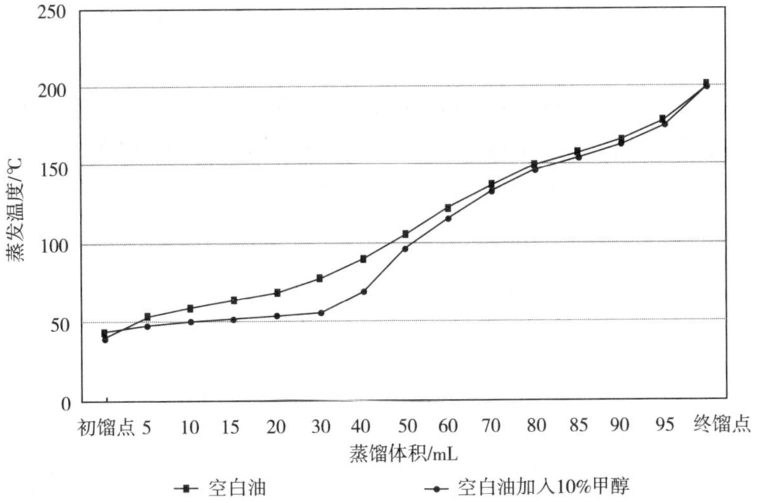

图 2－12　10% 甲醇加入前后的蒸馏曲线

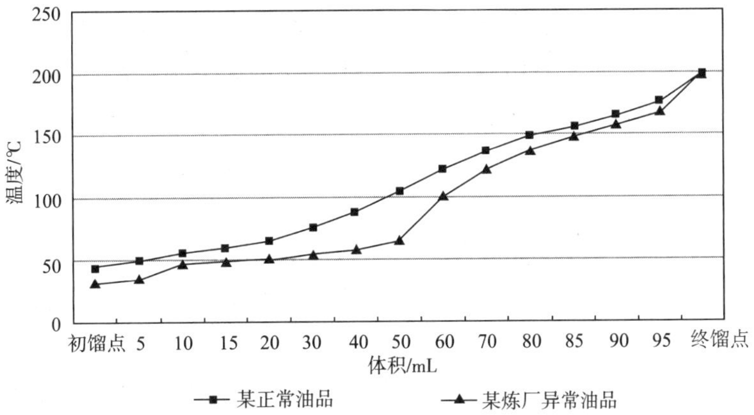

图 2－13　正常油品与异常油品蒸馏曲线对比

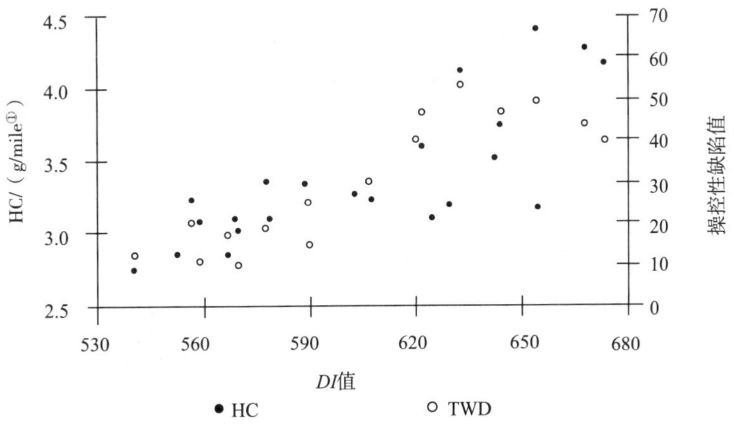

图 2－14　DI 值对操控性与尾气排放的影响

①　1mile = 1.609km，下同

图 2-14 中，当 *DI* 值大于 570 时，HC 排放值、各类尾气重量加权值（TWD）、操控缺陷值均明显上升。

②美国科学家在 LEV（Low Emission Vehicle 低污染排放）和 TLEV（Transistional Low-Emissions Vehicle 过渡性低污染排放）两类车辆上进行试验，找出了实现 THC（总碳氢）最低排放的 T_{50}（50% 蒸发温度）和 T_{90}（90% 蒸发温度）的最佳值，如图 2-15 所示。

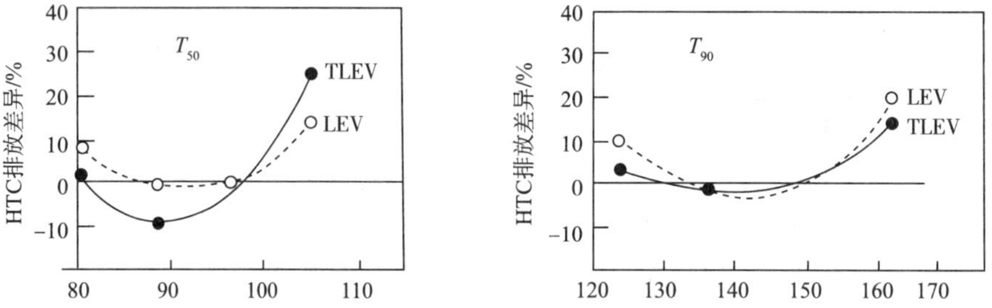

图 2-15　T50 和 T90 对排放的影响

在图 2-15 中，T_{50}（50% 蒸发温度）在 80～100℃时，两种不同车型的 HTC（总 HC）排放值较低，超过 110℃时，HTC（总 HC）排放值迅速增加；T_{90}（90% 蒸发温度）在 130～150℃时，两种不同车型的 HTC（总 HC）排放值较低，90% 蒸发温度超过 160℃时，HTC（总 HC）排放值迅速增加。

2.2.1.3　蒸气压

蒸气压是指当液体在达到气液平衡时气相所产生的压力。

饱和蒸气压是指在规定条件下，油品在试验仪器中气液两相达到平衡时，液面蒸汽所显示的最大压力，以 Pa 表示。

雷德蒸气压指在规定条件下，油品在雷德式饱和蒸气压测定器中所显示的压力，以 kPa 表示。

（1）指标的技术要求

①GB 17930—2016 车用汽油标准对蒸气压的技术要求见表 2-8。

表 2-8　车用汽油蒸气压技术要求

项　目	质量指标			
	车用汽油（Ⅴ、ⅥA、ⅥB）			
	89	92	95	98
蒸气压/kP 11 月 1 日～4 月 30 日 5 月 1 日～10 月 31 日	 45～85 40～65			

注：（1）换季时，加油站允许有 15 天的置换期；

（2）广东、海南全年执行夏季标准。

②欧美等国家对蒸气压的技术要求。国外按四季环境温度的不同，对蒸气压有严格的限制，与我国汽油现行国标相比，环境温度范围划分更细，不同环境温度对应的蒸气压范

围规定更窄，表 2-9 和表 2-10 为欧洲汽油标准的蒸气压限值和世界燃油规范对蒸气压的限值。

表 2-9 欧洲汽油标准（EN228）蒸气压限值

项目		限值					
		A	B	C/C1	D/D1	E/E1	F/F1
蒸气压（VP）/kPa							
最小	45	45	50	60	65	70	
最大	60	70	80	90	95	100	

欧洲汽油标准根据季节和地理性条件划分 10 个等级，不同时期和不同区域下按不同的蒸气压限值生产和销售汽油。其中 A 级应用于夏季（5 月 1 日 ~9 月 30 日）；B 级应用于北极和寒冷地区的夏季（5 月 1 日 ~8 月 31 日），C、D、E、F 则根据不同地域的温度情况应用于冬季，在冬季和夏季的季节变换的 4 ~8 周的换季期分别应用 VLI（C1、D1、E1、F1 级）。

表 2-10 世界燃油规范第五版（2013）——环境温度对应的蒸气压限值

级别①	A	B	C	D	E
环境温度/℃	>15	5 ~15	-5 ~ +5	-5 ~15	< -15
蒸气压/kPa	45 ~60	55 ~70	65 ~80	75 ~90	85 ~105

①按市场的最低预计环境温度进行划分，并随季节而变化。

世界燃油规范则根据环境温度划分为 5 个级别，对汽油的蒸气压进行限值规定。

（2）指标的意义和作用

①控制不发生气阻现象。当饱和蒸气压过高时，发动机供油系统油路或油管中的汽油受热气化，大量的蒸气形成气塞，造成供油中断，使发动机异常甚至停车。饱和蒸气压与使用时环境温度有关，相同的饱和蒸气压，环境温度越高，越容易发生气阻现象。

②保证良好的冷启动性能和加速性能

当车用汽油蒸发强度较弱，饱和蒸气压过低时，汽车冷启动性能和行驶中加速性能变差。如 2009 年 11 月，上海升级沪Ⅳ车用汽油标准，标准中未对蒸气压的下限值做出规定，炼油厂出厂的油品蒸气压偏低，T_{50}过高，部分车主反映“车辆早晨发动时较为困难，发动后开在路上前 10min 车身发抖，踩油门时感觉车子动力差”。

③降低车用汽油在储存和运输过程中的蒸发损失，减少大气污染物排放。

（3）蒸气压与排放的关系

车用汽油国家标准中已经规定饱和蒸气压的限值，这一限值已充分考虑汽车的使用性能及烃类排放对大气的影响，最大限度减少车用汽油在储存和运输过程中的蒸发损失。GB 20950—2007《储油库大气污染物排放标准》、GB 20951—2007《汽油运输大气污染物排放标准》、GB 20952—2007《加油站大气污染物排放标准》对储油库、加油站和油罐车在汽油运输过程中的油气排放限值作了明确规定，在汽油储运过程中采取密闭接卸和油气回收等措施。通过油气回收处理装置，将油气排放浓度控制在25g/m^3 以下，因此，空气中的污染排放物更多是来自于汽车使用过程中燃料的不充分燃烧，其中黄标车的污染物排放尤为明显。据2015 年污染防治年报公布的数据，不同排放标准的汽车，污染排放量分担率不同，黄标车污染排放量分担率最高，国Ⅳ及以上排放标准的汽车污染排放量分担率最低。占汽车保有量6.8%的黄标车，其CO、HC、NO_x、PM 的排放量分别占到各类汽车污染物排放量的38.9%、40.3%、43.7%、71.5%；而占汽车保有量22.7%的国Ⅳ及以上标准汽车CO、HC、NO_x、PM 的排放量分别占到各类汽车污染物排放量的5.0%、4.3%、2.3%、0.4%，如图2-16 和图2-17 所示。

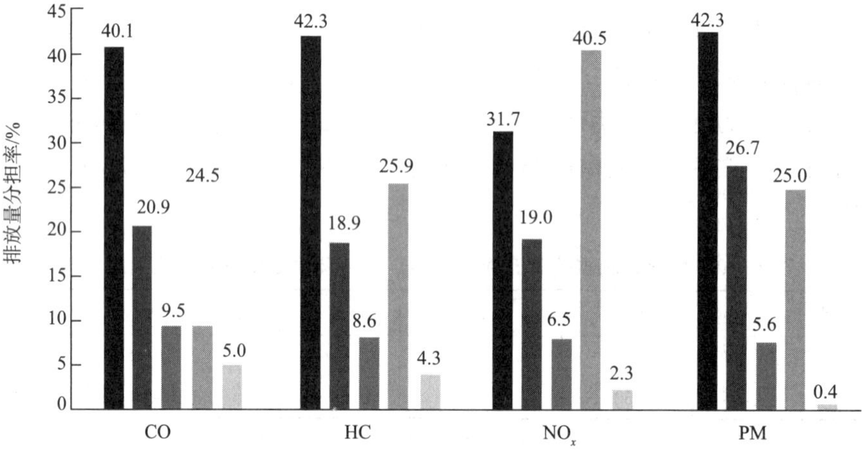

图2-16　不同排放标准的汽车污染物排放量分担率

■ 国Ⅰ前；■ 国Ⅰ；■ 国Ⅱ；■ 国Ⅲ；■ 国Ⅳ及以上

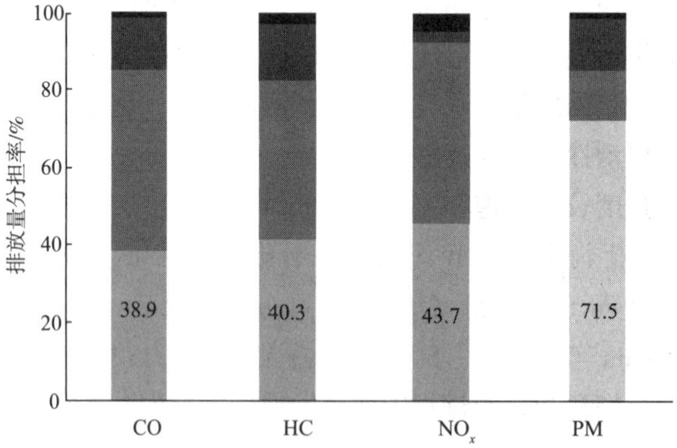

图2-17　2014 年全国黄标车污染物排放量分担率

■ 黄标车；■ 绿标车；■ 摩托车；■ 低速汽车

由此看出，车用汽油无硫化、降低夏季蒸气压值是车用汽油提升质量的发展方向，是大气污染防治的有效途径，同时，加快黄标车和老旧汽车的淘汰，也是大气污染防治的最有效的手段。

2.2.1.4　胶质

胶质指在规定条件下，石油和石油产品（特别是汽油）中的所有挥发组分蒸发后所剩下的深色残留物。

实际胶质指航空燃料的蒸发残渣，未经进一步处理。以 mg/100mL 表示。

未洗胶质指在试验条件下，非航空燃料的蒸发残渣。

溶剂洗胶质指非航空燃料的蒸发残渣经过正庚烷洗涤，除去洗涤液后的残渣。对车用汽油或非航空燃料汽油而言，“溶剂洗胶质”以前被称作“实际胶质”。

一般来说，胶质是油溶的、杂散的、无规则的、相对分子质量和极性较沥青质小的芳杂环大分子非烃化合物。胶质的外观呈深棕色至深褐色，是极为黏稠不易流动的液体或无定型固体，受热时熔融，密度略小于 1.0kg/m^3。

（1）指标的技术要求

《车用汽油》GB 17930—2016 标准中，胶质的技术要求见表 2-11。

表 2-11　车用汽油胶质技术要求

项　目		质量指标			
		车用汽油（Ⅴ、ⅥA、ⅥB）			
		89	92	95	98
胶质含量/（mg/100mL） 未洗胶质含量（加入清净剂前①）	不大于	30			
溶剂洗胶质	不大于	5			

①“加入清净剂前”指油品在添加清净剂前不能大于 30mg/100mL。

《车用汽油》GB 17930—2013 标准中，未洗胶质含量在加入清净剂前要求不大于 30mg/100mL，原因是，为提高油品清净性能，减少发动机进气系统积炭，油品可以加入清净剂。清净剂是大分子有机化合物，在进行燃料胶质含量测定时，清净剂在 160～165℃ 的蒸发浴中不能被蒸发而残留在烧杯中，因此加入清净剂的油品未洗胶质含量可能大于 30mg/100mL，此时不能判定其不合格，其加入正庚烷后，清净剂形成的固体残渣可以被溶解和抽提。事实上，清净剂在发动机中，不仅可以正常燃烧而且还有助于清除发动机内的积炭，保持燃烧室有效体积不变小，提高燃烧效率，降低油耗。

（2）指标对使用的意义

胶质含量的大小可用来判断油品在使用和储存过程中生成胶质的倾向。胶质易沉积在油管、过滤器、进气阀、喷油嘴和燃烧室等部位，造成油路堵塞或燃烧室容积变小，导致喷油雾化状态恶化，燃烧不完全，动力性下降、油耗增加、尾气排放增大。胶质沉积在气门上时会黏结气门，使气门关闭不严，造成发动机动力性和经济性下降，严重时会卡住气门，使发动机停止工作，如图 2-18 所示。

在实际运用中，不仅是溶剂洗胶质超标会危害发动机，未洗胶质超标，同样会造成油品质量事故。如 2012 年 2 月，先后在云南、贵州、广西出现的车辆群体性“趴窝”事件，

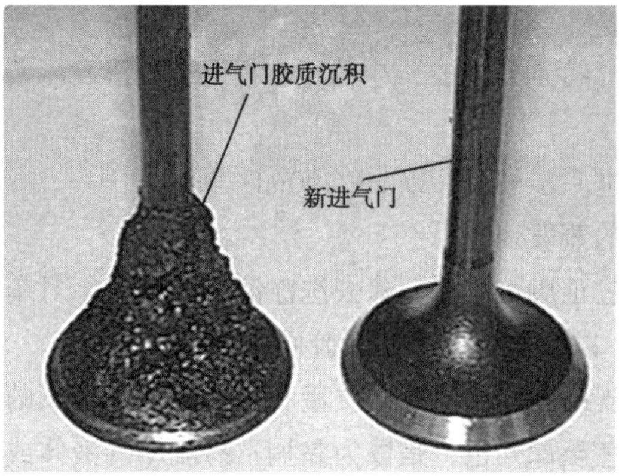

图 2-18　进气门使用前后对比

就是未洗胶质过大引发的油品质量事故。大批车主在加注了 93 号汽油后，发现车辆出现冷启动困难，怠速抖动，加油熄火等异常现象。部分车主向工商局和质监局进行投诉，引起了社会和新闻媒体的极大关注。后经检验查明，这批 93 号汽油的未洗胶质普遍超过 80mg/100mL，高的甚至达到 200mg/100mL，但溶剂洗胶质并未超标，表明未洗胶质对车辆的危害同样很大。

（3）胶质对发动机的影响

汽油在燃烧后会生产积炭，胶质含量越高，发动机产生积炭的倾向越高。积炭在发动机不同部位都会对汽车的正常行驶产生影响：

①燃烧室积炭。当形成燃烧室沉积物（CCD_S）时，会增加一些小缝隙，使得燃烧室表面积增加，燃烧室的有效燃烧空间减少，会产生三个不利影响：

（a）增加了压缩比和末端混合气温度，从而使所需要的辛烷值比发动机原先的设计值要高，容易产生爆震；

（b）增加了尾气排放；

（c）活塞头部和汽缸盖会产生机械干涉，及所谓“碳敲缸”。

②进气阀积炭。进气阀积炭对驾驶性能影响很大，因此，在北美和欧洲，汽车制造协会制定了一些评定汽油清洁性能的试验，如 ASTM 的进气阀沉积物试验（ⅣD），大众公司的水冲击试验（VW）和进气阀结焦试验（Wasserboxer）

ASTM 试验人员随机在市场上购买了 9 个汽油样品进行ⅣD 试验，发现其中竟然有1/3 的样品进气阀沉积物质量达到 392～1157mg 这样不可接受的程度。为减少沉积物，科学家建议油品中加入清净剂，以降低进气阀结焦黏结的风险。图 2-19 所示为加油站汽油（来自底特律、休斯顿、洛杉矶、新奥尔良和圣安东尼奥的加油站的燃料）在福特 2. 3L 车型的进气阀沉积物测试结果。

③未洗胶质和积炭厚度的关系。研究发现，未洗胶质越大，生成胶质的倾向越大，生成的积炭（CCD）厚度越大。图 2-20 为未洗胶质与积炭（CCD）厚度的关系。

（4）胶质与汽车尾气排放的关系

当发动机内产生积炭后，发动机排放增加，当加入适当的清净剂清除这些积炭后，排放的污染物将明显降低。例如，美国科学实验证明，某实验车队发动机行驶 8×10^4km 后，如果清除积炭，HC 排放平均将降低 10% 以上，CO 排放平均降低 4%，NO_x 排放平均降低 15%，如图 2-21 为清除积炭后对发动机排放的影响。

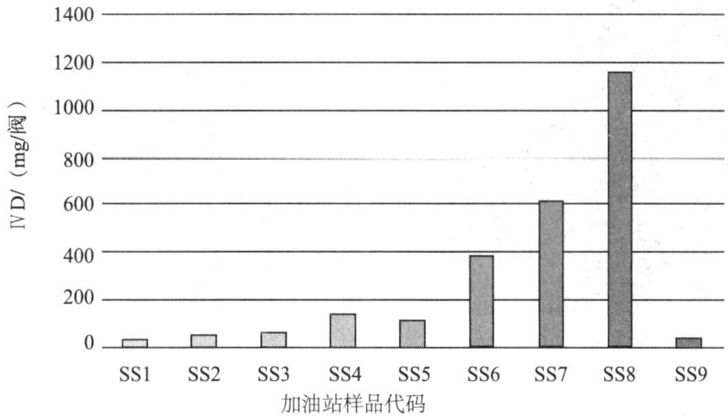

图 2-19　加油站汽油在福特 2.3L 车型的进气阀沉积物测试结果

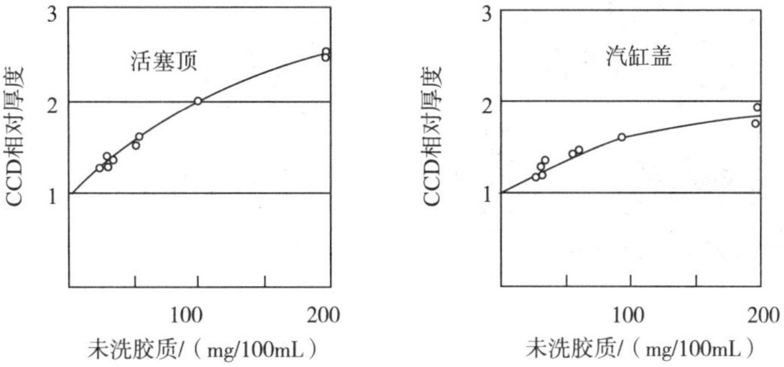

图 2-20　未洗胶质与积炭（CCD）厚度的关系

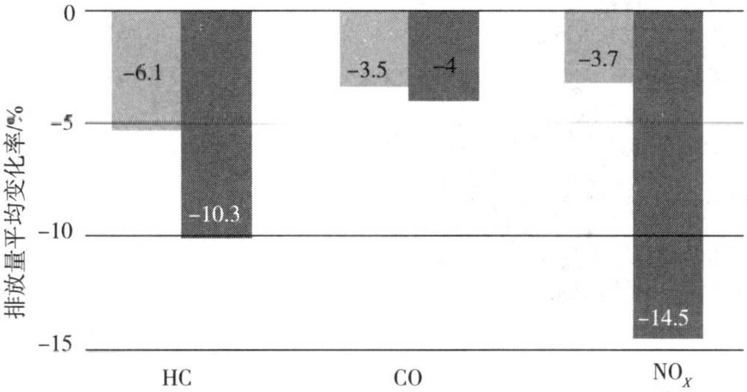

图 2-21　清除积炭后对发动机排放的影响

EI（PIBA/合成液）　　FI　PIBA/矿物油

为验证清净剂对积炭的清除效果，有人曾经做过实验，在不同车型、不同车龄的汽车中加入清净剂，通过工业内窥镜观察发动机进气门情况，如图 2-22～图 2-24 所示，加入清净剂后积炭减少的效果显著。

2.2.1.5　硫含量

硫含量指存在于油品中的硫及硫化物（硫化氢、硫醇、二硫化物等）中的总硫含量，以 μg/g 表示。

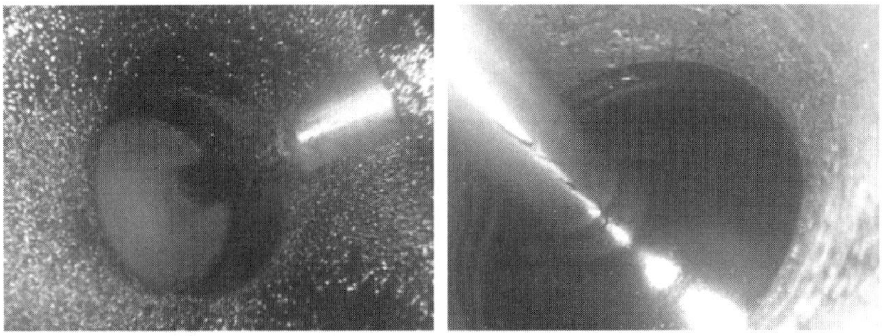

使用清净剂前的进气门　　使用9瓶清净剂后的进气门

图 2-22　行驶 23×10^4km 奥迪 A6 车使用清净剂前后进气门对比

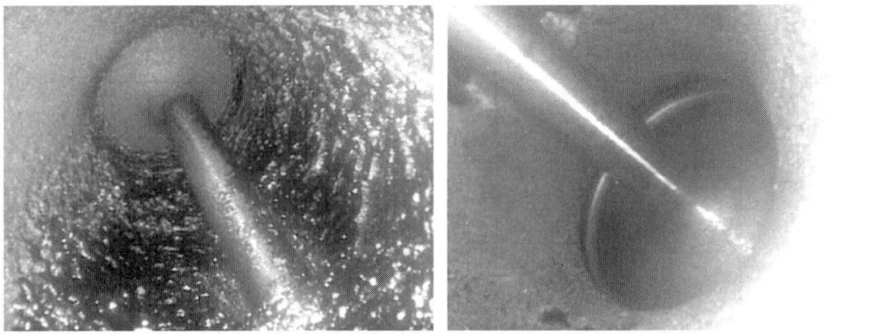

使用清净剂前的进气门　　使用8瓶清净剂后的进气门

图 2-23　行驶 9×10^4km 奥迪 A6L 车使用清净剂前后进气门对比

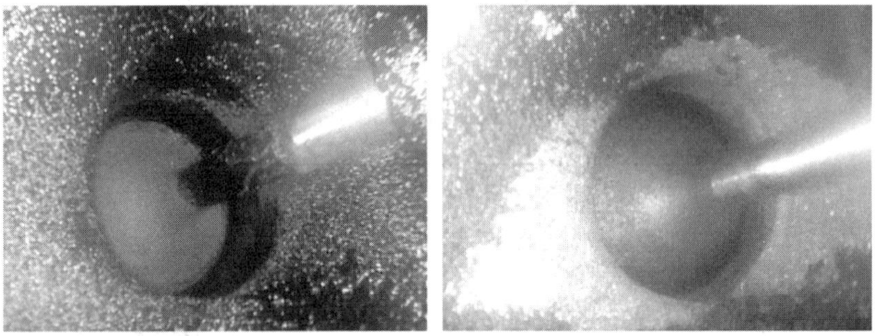

使用清净剂前的进气门　　使用3瓶清净剂后的进气门

图 2-24　行驶 2×10^4km 别克君越车使用清净剂前后进气门对比

（1）指标的技术要求

《车用汽油》GB 17930—2016 标准中，硫含量的技术要求见表 2-12。

表 2-12　车用汽油硫含量技术要求

项　目		质量指标			
		车用汽油（Ⅴ、ⅥA、ⅥB）			
		89	92	95	98
硫含量/（μg/g）	不大于	10			

（2）指标对使用的意义

硫含量是划分机动车尾气排放阶段的重要指标，详见表 2-13。

表 2-13　各阶段车用汽油质量指标和过渡期限对照

标准编号及名称	质量级别	硫含量/（μg/g）	过渡期限
GB 17930—2013《车用汽油》	Ⅲ	150	
	Ⅳ	50	2013-12-31
GB 17930—2016《车用汽油》	Ⅴ	10	2016-12-31
	ⅥA	10	2018-12-31
	ⅥB	10	2022-12-31

（3）硫含量与发动机的关系

①硫含量是车用汽油中与腐蚀和环保有关的重要项目。硫化物燃烧后生成的 SO_2 和 SO_3，遇水后会产生具有腐蚀性的酸性物质，腐蚀发动机、曲轴箱部件和排气管。

②硫醇硫对燃料系统的弹性材料有害，并且对燃料系统的构件产生腐蚀。

③硫对汽车后处理系统的影响。汽车后处理系统是保证车辆的排放满足排放标准要求的一个尾气处理系统。汽车后处理系统对排放物的转化率有严格的要求，尤其是对转化率的持久性有严格要求。一般来讲，低排放汽车（LEV）要达到欧Ⅲ的排放标准，车辆行驶 16×10^4km 后，后处理系统对 CH 的转化率须达到 93% 以上，而要达到欧Ⅳ排放标准的车辆，后处理系统对 HC 的转化率必须达到 97% 以上，然而汽油中的硫却使后处理系统中的催化剂中毒，使后处理系统的耐久性变差。

图 2-25 中，汽油硫含量越高，行驶相应里程后 NO_x 的转化率越低，如硫含量为 500μg/g 的燃料，行驶 1.6×10^4km 后，汽车后处理系统 NO_x 的转化率仅为 30% 左右；而硫含量为 8μg/g 的燃料，行驶 3.2×10^4km 后，汽车后处理系统 NO_x 的转化率曲线斜率下降很小，NO_x 的转化率仍为 90% 以上。

（4）硫对排放的影响

燃烧后排入大气的硫化物，会造成大气污染，形成酸雨，不仅如此，车用汽油中硫的存在会导致车辆尾气排放处理系统的中毒，大幅度降低有害气体的转化效率，造成排放过量。

世界上多个研究机构，对不同硫含量燃油的排放进行研究发现，汽油中硫含量越低，汽车尾气中的污染物排放量越低。表 2-14 为硫对排放的影响。

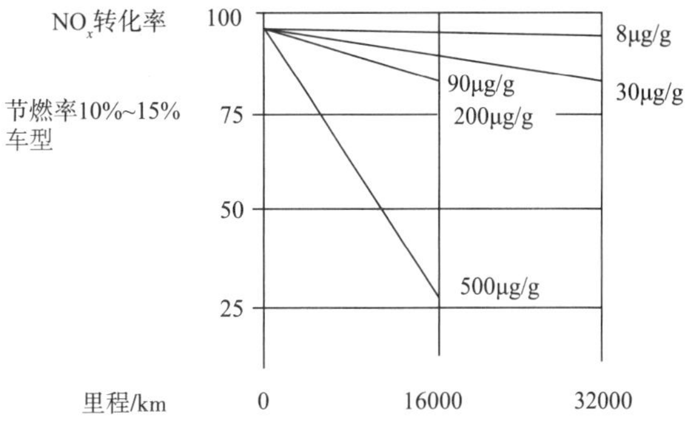

图 2-25　汽油中硫含量对车辆后处理系统耐久性的影响

表 2-14　硫对排放的影响

研究项目	汽车技术	硫含量的范围/（μg/g）		排放降低幅度%（硫从高到低）		
		高	低	HC	CO	NO_x
AQIRP	Tier 0	450	50	18	19	8
EPEEE	EURO 2$^+$	382	18	9（43①）	9（52①）	10（20①）
AAMA/AIAM	LEV&ULEV	600	30	32	55	48
CRC	LEV	630	30	32	46	61
JARI	1978 年法规	197	21	55	51	77
Alliance/AIAM	LEV/ULEV	100	30	21	34	27
	LEV/ULEV	30	1	7	12	16
JCAP	DI/NO_x 催化剂	25	2			37

①EUDC 城郊工况测试中下降的幅度

美国研究机构以不同硫含量汽油测定其 HC 排放量，绘出曲线，当硫含量低于 100μg/g 时，HC 排放降幅明显，如图 2-26 所示为硫对 Tier0 技术车辆排放的影响。

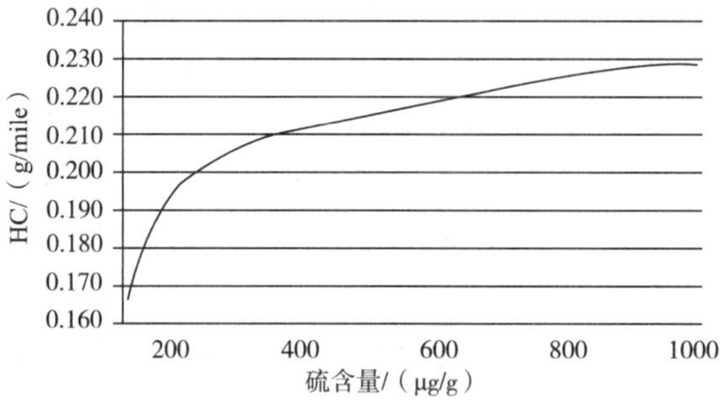

图 2-26　硫对 Tier0 技术车辆排放的影响

此外，燃油中硫含量也与 NO_x 和非甲烷碳氢（NMHC）的排放量呈正比关系，如图 2-27所示，与 NO_x 和非甲烷碳氢（NMHC）排放率随燃料硫含量的降低而降低。

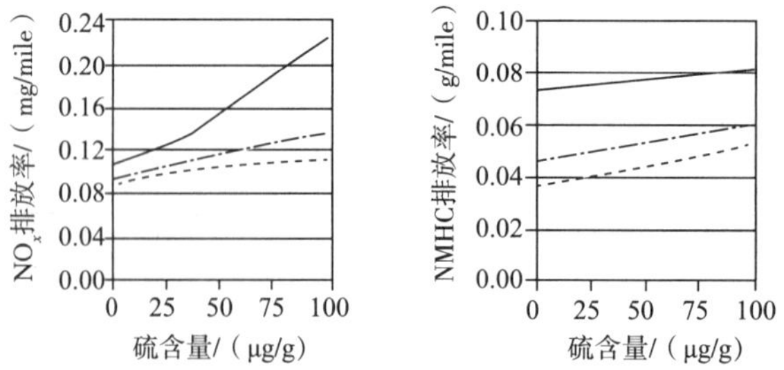

图2-27　超低硫含量对 NO_x 和非甲烷碳氢（NMHC）排放的影响

——13 辆车数据；-·-·-9 辆车数据；……4 辆车数据

2. 2. 1. 6　诱导期

诱导期指在规定的加速氧化条件下，油品处于稳定状态所经历的时间周期，即从加速氧化条件开始至到达规定拐点所经历的时间。通常以确定的氧吸收率来判断。

（1）指标的技术要求

《车用汽油》GB 17930—2016 标准中，诱导期的技术要求见表 2-15。

表 2-15　车用汽油诱导期技术要求

<table>
<tr><th rowspan="3" colspan="2">项　目</th><th colspan="4">质量指标</th></tr>
<tr><th colspan="4">车用汽油（Ⅴ、ⅥA、ⅥB）</th></tr>
<tr><th>89 号</th><th>92 号</th><th>95 号</th><th>98 号</th></tr>
<tr><td>诱导期/min</td><td>不小于</td><td colspan="4">480</td></tr>
</table>

（2）指标对使用的意义

诱导期的长短，可用来判定油品的安定性。诱导期越短，表示油品在储存期间，越容易被氧化和生成胶质。油品中不饱和烃如二烯烃含量越高，诱导期越短。以下为一则诱导期不合格造成车辆故障的实际案例。

2011 年，车辆在某加油站加油后，行使过程中间歇性发生熄火、抖动，车辆的排气管排气为黄绿色，无法正常使用。通过理化指标分析（见表 2-16），该油品的诱导期为 120min，小于标准要求的 480min，不合格。除诱导期外，其他数据均符合当时的产品标准要求（GB 17930—2006）。

表 2-16　理化指标分析数据

项　目		标准要求	测定值
硫含量/%	不大于	0.015	0.0071
未洗胶质/（mg/100mL）			11
实际胶质/（mg/100mL）	不大于	5	1
烯烃含量/%	不大于	30	12.8
芳烃含量/%	不大于	40	28.7
RON	不小于	93	94.8
蒸气压/kPa	不大于	72	67.5
氧含量/%	不大于	2.7	1.65
苯含量/%	不大于	1	0.43
锰含量/（g/L）		0.016	未检出
铜片腐蚀/级	不大于	1	1 级
水溶性酸碱			无
诱导期/min	不小于	480	120
馏程			轻组分多
初馏点/℃			32.8
10%蒸发温度/℃	不高于	70	44.5

续表

项　目		标准要求	测定值
50%蒸发温度/℃	不高于	120	88.8
90%蒸发温度/℃	不高于	190	163.9
终馏点/℃	不高于	205	188.9
残留量/mL	不大于	2	1.3

诱导期表征汽油的氧化安定性。诱导期不合格将导致汽油在储运中生成胶质或酸度增大，发动机油门、喷油嘴和进气阀等处结焦、生成积炭，以及机件腐蚀等情况。为找出油品诱导期不合格的内在原因，分析人员又采用色谱PONA方法、色谱－质谱联用技术、元素分析方法对该油品的组成进行了定性、定量分析，发现该油品中氯化物含量较高、且含有异戊二烯和炔烃等活性组分。分析人员根据色谱柱涂料相同，出峰顺序一致的原理进行人工解析色谱图的方法，列出了油品中的活性或存在问题的组分，如表2－17所示。

表2－17　活性组分含量

名　称	含量/%（质量分数）	名　称	含量/%（质量分数）
1，2－二氯丙烷	0.37	甲基苯乙炔	1.46
环戊二烯	0.5	甲基双环戊二烯	0.24
苯乙烯	1.61	二甲基双环戊二烯	0.3
萘	0.27	二甲基苯乙炔	0.07
甲基苯乙烯	2.71	三甲基双环戊二烯	0.1
双环戊二烯	1.39		

由表2－17可以看出，油品中含有环戊二烯、双环戊二烯、甲基苯乙炔等多种活性组分，这些组分化学性质活泼，极容易氧化或自聚合，造成了该油品诱导期缩短仅有120min，远低于标准要求。

2.2.1.7　硫醇

硫醇即醇分子中氧原子被硫原子取代后的硫化物。

硫醇理化指标要同时测定硫醇硫含量和博士试验。

博士试验是在硫黄粉存在的条件下，通过硫化物与亚铅酸钠的反应，检测无色或浅色石油产品中特定硫化物，如硫化氢或硫醇，是否存在的试验。

硫醇硫含量是指油品中存在的硫醇类化合物中硫的含量。硫醇硫具有难闻的气味，对燃料系统的弹性材料有害，并且对燃料系统的构件产生腐蚀。

（1）指标的技术要求

《车用汽油》GB 17930—2016标准中，硫醇的技术要求见表2－18。

表2-18　车用汽油硫醇技术要求

项　目	质量指标			
	车用汽油（Ⅴ、ⅥA、ⅥB）			
	89号	92号	95号	98号
硫醇（博士试验）	通　过			

（2）指标对使用的意义

①判断是否存在让油品气味异常的低分子硫醇。小分子硫醇具有恶臭气味，相对分子质量越大，臭味越淡。如某油库质检员，在油品质量验收时，把关不严，造成含硫醇硫的油品出库销售，顾客加油后发现油品散发出一股臭味，引发大量投诉，部分消费者围堵油库讨说法的恶性质量事故。

乙硫醇常作为天然气中的警觉剂，用以警示天然气泄漏。正常汽油中没有异常味道，如果发现异常臭味，则汽油可能存在质量问题。

②判断汽油对金属是否具有腐蚀性。硫醇主要腐蚀镉和青铜，在常温下不腐蚀钢、铝等合金，硫醇腐蚀金属后生成难溶于燃料的胶状沉淀物，堵塞喷油嘴、过滤器，破坏发动机的正常工作。

③判断汽油对人造橡胶的溶胀性。硫醇还会与某些人造橡胶起作用，破坏橡胶的密封性，引起泄漏。

2.2.1.8　铜片腐蚀

腐蚀是指在一种材料通常为金属表面和其所处环境之间所发生的化学或电化学反应，从而引起材料的损毁及其性能的降低。

腐蚀试验指在规定条件下，测定油品对一种或多种金属腐蚀作用的试验。

铜片腐蚀试验即用铜片放入试油中恒温50℃，3h后观察铜片的腐蚀情况。铜片腐蚀程度采用与腐蚀的标准色板进行对比，定性判断试油的腐蚀等级。

（1）指标的技术要求

《车用汽油》GB 17930—2016标准中，铜片腐蚀的技术要求见表2-19。

表2-19　车用汽油铜片腐蚀技术要求

项　目		质量指标			
		车用汽油（Ⅴ、ⅥA、ⅥB）			
		89号	92号	95号	98号
铜片腐蚀（50℃，3h）/级	不大于	1			

（2）指标对使用的意义

用来判断汽油对汽车金属部件腐蚀性大小。对金属产生腐蚀的硫主要为燃油中的活性硫，包括元素硫、硫化氢和硫醇等，其共同特点是对金属设备有较强的腐蚀作用，活性硫的化学活性极强，微量的活性硫（百万分之几）就可能对燃油系统的金属部件造成损害，如燃油箱油位传感器中的银或银合金，与燃油中的微量活性硫反应，在电触点上生成硫化银，干扰燃油液位测定仪表的电流值，使仪表显示错误读数；再如燃油泵上的铜，与燃油中的微量活性硫反应，在燃油泵的轴承表面生成硫化铜，中断燃油泵的平稳运行，严重时造成燃油泵损坏或使车辆熄火。对金属设备无腐蚀作用的硫化物为非活性硫化物，主要包括硫醚、噻吩等，但某些非活性硫化物经受热分解后将会转变成活性硫化物，也可能对金属产生腐蚀。

2.2.1.9　水溶性酸或碱

水溶性酸或碱指存在于油品中可溶于水的酸性或碱性物质。

（1）指标的技术要求

《车用汽油》GB 17930—2016 标准中，水溶性酸或碱的技术要求见表 2-20。

表 2-20　车用汽油水溶性酸或碱技术要求

项　目	质量指标			
	车用汽油（Ⅴ、ⅥA、ⅥB）			
	89 号	92 号	95 号	98 号
水溶性酸或碱	无			

（2）指标的意义和作用

水溶性酸或碱对金属具有强烈的腐蚀性，油品燃烧后生成二氧化碳和水，此时如果油品含有水溶性酸或碱，就会对汽车的金属部件产生腐蚀。含有水溶性酸或碱的油品还会对储存环节的金属油罐、管线，销售环节的加油机产生腐蚀。

正常生产出的汽油，一般不含水溶性酸或碱，但如果在生产过程中酸碱精制控制不严，或在储运过程中被运输工具污染，就有可能造成油品含水溶性酸或碱。如某船运公司，运输醋酸后，船舱未进行认真清洗，致使其运输的油品受到醋酸的污染，检测出含水溶性酸，不合格油品只有拉回炼油厂重新进行加工处理，造成了巨大的经济损失。

2.2.1.10　机械杂质及水分

机械杂质指存在于油品中所有不溶于规定溶剂的杂质。

水分指存在于石油产品中的水含量。

（1）指标的技术要求

《车用汽油》GB 17930—2016 标准中，机械杂质及水分的技术要求见表 2-21。

表 2-21　车用汽油机械杂质及水分技术要求

项　目	质量指标			
	车用汽油（Ⅴ、ⅥA、ⅥB）			
	89 号	92 号	95 号	98 号
机械杂质及水分	无			

（2）指标对使用的意义

汽油中含机械杂质，会堵塞发动机喷油嘴和油路，造成发动机功率下降，车辆运行不畅，严重时还会对车辆机械造成磨损。机械杂质混入油品中，最常见的是油品储运过程中受外界污染，如某输油管线清管方案不严谨，使清管污油混入油品中。图 2－28 为管线污油。

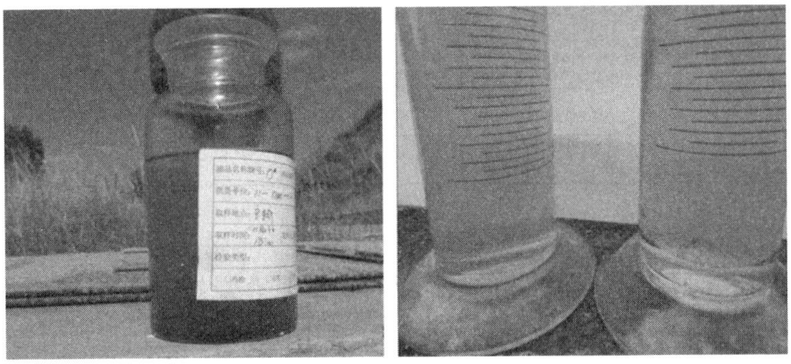

图 2－28　管线污油

汽油中含微量水会造成油品外观浑浊，发动机功率下降，当汽油中混入较多的水分时，会造成车辆熄火，严重时会造成发动机损害。一般情况下，汽油在采购验收、储存、运输环节中发现有水，可以进行分水处理。汽油中混入水分，并且加注到汽车油箱的情况，通常发生在加油站销售环节。

①“边卸边加”，接卸油品时，沉积在油罐底部的水和杂质（油泥）被湍流卷取，此时加油，水和杂质就会被直接加注进油箱中。如 2011 年某加油站，由于“边卸边加”，造成多辆出租车加到水杂，引发出租车司机围堵加油站投诉的油品质量事故。

②加油站油罐或管线渗漏，水杂进入油罐或渗入管线。如某加油站管线腐蚀出现裂缝，一场大雪过后，管线浸泡在融化的雪水中，当加油员提枪加油时，加油机自吸泵将管线周边的水一同抽取出来，加注到客户的油箱中，造成多辆汽车不同程度受损。图 2－29 所示为管线渗漏后在不同位置抽取的油品。

图 2－29　管线渗漏后在不同位置抽取的油品

2.2.1.11 苯含量

苯含量指汽油中苯所占的体积百分数。

(1) 指标的技术要求

《车用汽油》GB 17930—2016 标准中，苯含量的技术要求见表 2-22。

表 2-22 车用汽油苯含量技术要求

项目		质量指标							
		车用汽油（Ⅴ）				车用汽油（ⅥA、ⅥB）			
		89 号	92 号	95 号	98 号	89 号	92 号	95 号	98 号
苯含量/%	不大于	1.0				0.8			

(2) 指标对使用的意义

苯在常温下为一种无色、有甜味的透明液体，并具有强烈的芳香气味。苯可燃，毒性较高，是一种致癌物质。国家职业卫生标准 GBZ 2.1—2007《工作场所有害因素职业接触限值》规定，工作场所空气中，苯的时间加权平均容许浓度限值（PC-TWA）为 $6mg/m^3$；短时间接触容许浓度限值（PC-STEL）为 $10mg/m^3$；标准中苯的危害性标识为“G1，皮”，G1——确认人类致癌物；“皮”意为可因皮肤、黏膜和眼睛直接接触蒸气、液体和固体，通过完整的排放吸收引起全身效应。苯可通过皮肤和呼吸道进入人体并造成伤害。指标的意义和作用在于限制危害人体健康的苯在汽油中的含量，有效减少汽油中苯的蒸发排放和尾气排放。

2.2.1.12 芳烃含量

芳烃指单环和多环芳烃，芳烃含量指油品中带有苯环的烃类化合物的含量。

(1) 指标的技术要求

《车用汽油》GB 17930—2016 标准中，芳烃含量的技术要求见表 2-23。

表 2-23 车用汽油芳烃含量技术要求

项目		质量指标							
		车用汽油（Ⅴ）				车用汽油（ⅥA、ⅥB）			
		89 号	92 号	95 号	98 号	89 号	92 号	95 号	98 号
芳烃含量/%	不大于	40				35			

1 车用汽油（Ⅴ）的技术要求规定，95 号和 98 号车用汽油，在烯烃、芳烃总含量控制不变的前提下，可允许芳烃的最大值为 42%（体积分数）。

(2) 指标对使用的意义

汽油中的芳烃是高辛烷值组分，高牌号汽油中芳烃的调入量相对较高。燃油中的芳烃会增加发动机的沉积物和尾气污染物排放。

重质芳烃和其他高分子化合物燃烧不完全会形成发动机沉积物，特别是燃烧室中的沉积物，这些沉积物会增加尾气排放，包括 HC 和 NO_x 排放。

①芳烃与苯排放的关系。芳烃燃烧会形成致癌物质苯，美国和欧洲研究表明，降低汽

油中芳烃的含量可显著降低苯的排放。如图2-30所示，美国AQIRP项目研究发现，将芳烃含量从45%降到20%，汽油总有毒物排放降低28%（总的有毒物排放物中74%是苯）；欧洲EPEFE项目研究也证实，将芳烃含量从50%降到20%，有毒排放物中的苯含量线性下降。

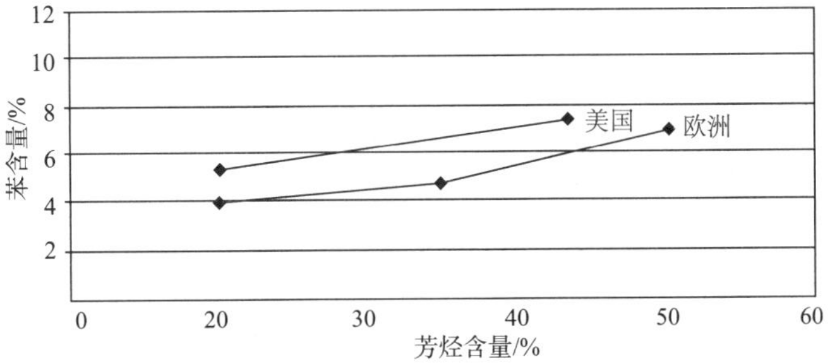

图2-30　燃油中芳烃对苯排放的影响

②芳烃与CO_2排放的关系。汽油中芳烃含量与尾气中CO_2排放有直接关系，欧洲EPEFE项目研究结果证实，CO_2排放与芳烃含量呈线性关系，将芳烃含量从50%降到20%，CO_2排放降低5%。

2.2.1.13　烯烃含量

烯烃指直链（支链）烯烃、环烯烃以及某些二烯烃。

烯烃含量指油品中具有碳—碳双键（烯键）的烃类化合物的含量。

（1）指标的技术要求

《车用汽油》GB 17930—2016标准中，烯烃含量的技术要求见表2-24。

表2-24　车用汽油烯烃含量技术要求

项　目	质量指标			
	车用汽油（Ⅴ）	车用汽油（ⅥA）		车用汽油（ⅥB）
	89号、92号、95号、98号	89号、92号、95号	98号	89号、92号、95号、98号
烯烃含量/% 不大于	24	18	15	15

注：车用汽油（Ⅴ）的技术要求规定，95号和98号车用汽油，在烯烃、芳烃总含量控制不变的前提下，可允许芳烃的最大值为42%（体积分数）。

（2）指标对使用的意义

烯烃是一种具有较高辛烷值的汽油调和组分，但烯烃也是比较活泼的烃类，挥发到大气中会发生光化学反应而加速臭氧的形成，臭氧在近地面大气中是一种有害气体，会使人的呼吸道和眼睛等器官受到刺激和不同程度的伤害。

烯烃具有热不稳定性，会在发动机进气系统形成胶质和积炭，尤其是当油品中有二烯烃存在时，发动机结胶和生产积炭的倾向性加大。随着油品质量升级，烯烃含量呈下降趋势。

(3) 烯烃与炼制工艺的关系

①常减压、催化重整、烷基化、催化加氢和异构化工艺生产的汽油中不含烯烃组分；

②焦化工艺生产的焦化汽油烯烃含量较高，烯烃含量约10%左右，安定性较差；

③催化裂化组分油中，烯烃含量可达50%左右。催化裂化汽油中烯烃为低碳烯烃，是汽油馏程前段部分辛烷值的主要贡献者。

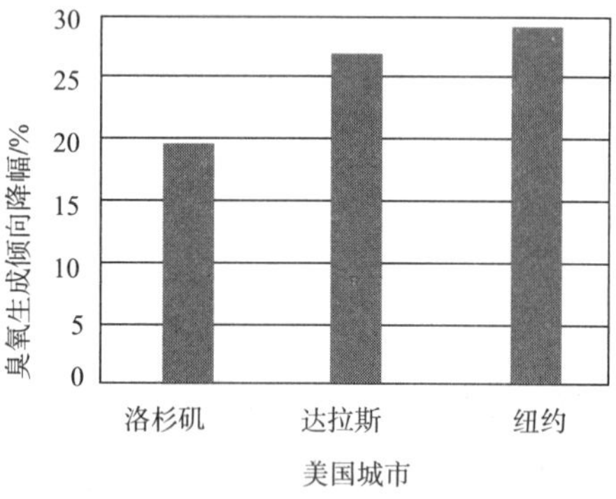

图2-31 燃油中烯烃从20%降到5%时臭氧生成倾向的下降幅度

(4) 烯烃与排放的关系

美国一项研究证明烯烃与臭氧的生成倾向有关，如果烯烃含量从20%降到5%，臭氧生成倾向将大幅下降。且该模型还研究出，如果汽油中烯烃含量降低同样幅度，则城市中轻型轿车对臭氧峰值的贡献将降低13%～25%，如图2-31所示。

2.2.1.14 氧含量

氧含量指汽油中含氧有机化合物（主要是醇类和醚类）中氧的质量百分数。

(1) 指标的技术要求

《车用汽油》GB 17930—2016标准中，氧含量的技术要求见表2-25。

表2-25 车用汽油氧含量技术要求

项　目		质量指标			
		车用汽油（Ⅴ、ⅥA、ⅥB）			
		89号	92号	95号	98号
氧含量/%	不大于	2.7			

(2) 指标对使用的意义

氧是一种助燃剂，汽油中适当添加含氧化合物，可提高氧含量，改善汽油的燃烧性能，帮助油品充分燃烧，减少尾气中CO和HC的排放，减少汽车发动机积炭的生成；但是当含氧化合物添加过多，含氧量超过一定限值后，会出现动力下降，油耗增加，提速慢等问题。

(3) 氧含量与发动机燃烧和排放的关系

当发动机工作时，燃料蒸气必须与吸进的空气混合成适当的比例，才能形成可以燃烧的混合气，这就是空燃比。从理论上说，每克燃料完全燃烧所需的最少的空气克数，叫做理论空燃比。各种燃料的理论空燃比是不相同的：汽油为14.7，柴油为14.3。空燃比大于理论值的混合气叫做稀混合气，气多油少，燃烧完全，油耗低，污染小，但功率较小。空燃比小于理论值的混合气叫做浓混合气，气少油多，功率较大，但燃烧不完全，油耗高，污染大。

当汽油中加入含氧化合物时，燃料的化学当量（无含氧化合物的燃料与空气中的氧发生化学反应时燃料与氧的质量比）向稀混合气方向偏移。大量实验证明，燃烧室中燃料化学当量浓度过低时，即空燃比过大时，虽然CO和HC的转化率略有提高，但NO_x的转化率急剧下降 20%，臭氧的潜在生成能力也会提高。此外，当汽油中加入含氧化合物时，油品的蒸发会明显加大，这是因为含氧化合物更容易渗透穿过发动机中的橡胶和塑料所致。汽油中含氧化合物加入过量时，汽车驾驶性能下降。

（4）影响氧含量的化合物

凡分子中含氧原子的化合物都能增加油品的氧含量，因此，醇类物质、醛类物质和醚类物质等含氧有机化合物，是影响油品氧含量的化合物。

典型的醚类物质如 MTBE（甲基叔丁基醚），常被添加到车用汽油中来提高汽油的辛烷值，但必须控制添加量以确保汽油中总的氧含量不大于 2.7%；

典型的醇类物质如甲醇和乙醇、典型的醛类物质如甲缩醛都能提高油品的氧含量。

但是，某些含氧化合物如甲醇、甲缩醛因其化学活性强，容易腐蚀燃油系统中的金属部件，还会使塑料和橡胶件老化，因此，车用汽油国家标准中明确规定不得人为加入甲醇和甲缩醛。

2.2.1.15　甲醇含量

甲醇含量指甲醇在汽油中所占的质量百分数。

（1）指标的技术要求

《车用汽油》GB 17930—2016 标准中，甲醇含量的技术要求见表 2-26。

表 2-26　车用汽油甲醇含量技术要求

项　目		质量指标			
		车用汽油（Ⅴ、ⅥA、ⅥB）			
		89 号	92 号	95 号	98 号
甲醇含量/%	不大于	0.3			

车用汽油中不得人为加入甲醇。

（2）指标对使用的意义

甲醇有毒，对人体的神经系统和血液系统影响最大，它经消化道、呼吸道或皮肤摄入都会产生毒性反应，甲醇蒸气能损害人的呼吸道黏膜和视力。甲醇还会加剧橡胶件的溶胀和金属部件的腐蚀。指标的意义在于限制危害人体健康和对车辆有危害的甲醇在汽油中的含量。

2.2.1.16　锰含量

锰含量指油品中存在的锰元素的含量，以 g/L 表示。

（1）指标的技术要求

《车用汽油》GB 17930—2016 标准中，锰含量的技术要求见表 2-27。

表 2-27　车用汽油锰含量技术要求

项　目		质量指标			
		车用汽油（Ⅴ、ⅥA、ⅥB）			
		89 号	92 号	95 号	98 号
锰含量/（g/L）	不大于	0.002			

车用汽油中不得人为加入含锰的添加剂。

（2）指标对使用的意义

各类金属燃烧后的氧化物均会在发动机部件上沉积，造成喷油嘴、火花塞、汽车排气催化转化器等部件堵塞，燃油消耗增加，排放中的 HC 增加，火花塞短路或失火，锰、铁还会影响汽车氧传感器的性能和寿命。指标的意义和作用在于严格限制金属锰在汽油中的含量。

（3）锰与汽车发动机及排放的关系

研究表明，燃油中 MMT 衍生的锰只有少部分从排气管中排出，绝大部分都留在发动机、三元催化剂、排气系统中。

①MMT 燃烧产物常常覆盖在火花塞等发动机部件上，导致火花塞失火，引起排放和油耗增加，发动机性能恶化，维修成本增加。

如图 2-32 中，10×10^4mile（约 16×10^4km）后，加入 MMT 的汽油比不加 MMT 的清洁汽油各种污染物排放量都有所增加；道路燃油经济性平均下降了约 0.2km/L（0.5mile/gal）。

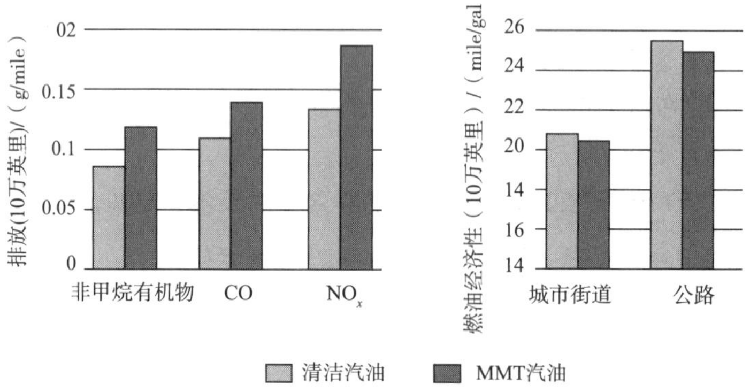

图 2-32　MMT 对排放和燃油经济性影响

②MMT 的燃烧产物积聚在三元催化器上，不仅堵塞其催化系统增加排放，还会导致车辆运行不正常，为此，国外部分汽车制造商在用户指南中建议用户不使用含有 MMT 的汽油，并声明任何由 MMT 造成的损害不在保修范围。图 2-33 所示为 8×10^4km（5×10^4mile）后 MMT 对 Toerl/LEV 型汽车部件的影响。

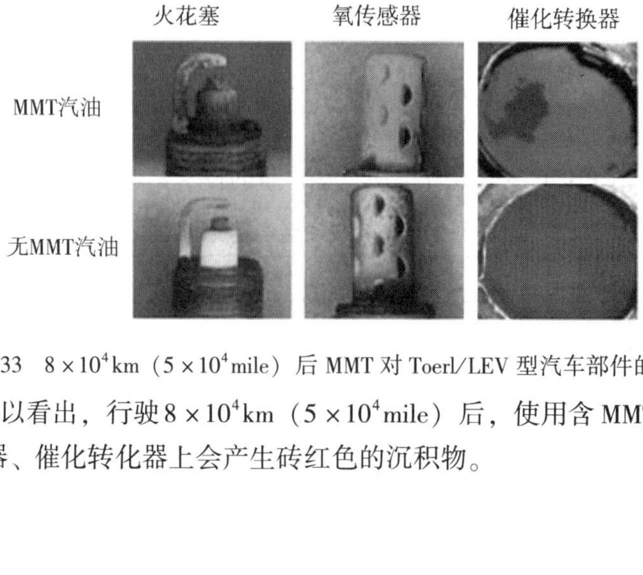

图 2-33　8×10^4km（5×10^4mile）后 MMT 对 Toerl/LEV 型汽车部件的影响

从图 2-33 可以看出，行驶 8×10^4km（5×10^4mile）后，使用含 MMT 汽油的车辆在其火花塞、氧传感器、催化转化器上会产生砖红色的沉积物。

2.2.1.17　铁含量

铁含量指油品中存在的铁元素的含量，以 g/L 表示。

（1）指标的技术要求

《车用汽油》GB 17930—2016 标准中，铁含量的技术要求见表 2-28。

表 2-28　车用汽油铁含量技术要求

项　目		质量指标			
		车用汽油（Ⅴ、ⅥA、ⅥB）			
		89 号	92 号	95 号	98 号
铁含量/（g/L）	不大于	0.01			

注：车用汽油中不得人为加入含铁添加剂。

（2）指标对使用的意义

含金属铁的燃料燃烧后，铁会以氧化铁的形式沉积在喷油嘴、火花塞、汽车三元催化器等部件上，造成燃油消耗增加，排放中的 HC 增加，火花塞短路或失火，铁还会影响汽车氧传感器的性能和寿命。指标的意义和作用在于严格限制金属铁在汽油中的含量。

2.2.2　柴油主要理化指标及其意义

2.2.2.1　十六烷值

（1）十六烷值的含义

十六烷值是表示柴油在柴油机中燃烧时着火性质的指标。在规定操作条件下标准发动机试验中，十六烷值的测定与辛烷值测定相似，以极易自燃的正十六烷（十六烷值规定为 100）和极难自燃的 α-甲基萘（十六烷值规定为 0）构成标准燃料，将柴油试样与标准燃料进行比较测定，采用和被测试样具有相同着火滞后期的标准燃料中正十六烷的体积百分数表示。

十六烷指数是表示馏分燃料在发动机中着火性能的一个计算值。我国常用的十六烷值指数有两种计算方法，一种是通过标准密度和中沸点进行计算得出（GB/T 11139），另一种是通过 15℃ 密度以及 10%、50%、90% 回收温度计算得出（SH/T 0694）。

（2）十六烷值的技术要求（见表 2-29）

表 2-29　车用柴油 GB 19147 和普通柴油 GB 252 中十六烷值和十六烷指数的技术要求

项　目	质量指标																	
	车用柴油（Ⅴ）						车用柴油（Ⅵ）						普通柴油					
	5 号	0 号	-10 号	-20 号	-35 号	-50 号	5 号	0 号	-10 号	-20 号	-35 号	-50 号	5 号	0 号	-10 号	-20 号	-35 号	-50 号
十六烷值　不小于	51			49	47		51			49	47		45					
十六烷指数　不小于	46			46	43		46			46	43		43					

注：由中间基或环烷基原油生产的各号普通柴油十六烷值或十六烷指数允许不小于 40。

（3）指标的意义和作用

十六烷值是反映柴油燃料在压燃式发动机（柴油机）中着火性能的重要指标之一。柴油机是压燃式的，没有点火装置，要求柴油喷入汽缸与压缩空气相混合，在压缩行程气缸达到高温高压条件下很快地着火燃烧。柴油的着火性能关乎柴油发动机启动的简易性、运转的顺畅性和排出气体的环保性。十六烷值为压燃式发动机所用的柴油燃料的点火特性提供了一种度量方式。

十六烷值过低，柴油从开始喷入到开始着火的时间间隔长，一旦着火起燃，大量柴油在缸内同时燃烧，会使缸内压力、温度迅速上升，工作粗暴。十六烷值高的柴油，它的自燃点低，着火性能好，喷入气缸后能迅速发火燃烧，燃烧均匀，不易发生爆震现象，可使气缸内压力升高率不致太大，发动机工作柔和、噪音小，热工效率提高，使用寿命延长。高的十六烷值还能改善柴油机的起动性能。但十六烷值也不是越高越好，它与油品雾化性和蒸发性等性能都相关。使用十六烷值过高（如大于65）的柴油，柴油喷入气缸后，早期着火，这样混合气质量差，使一部分油滴在高温下裂解成难以燃烧的碳粒，形成黑烟，燃料消耗反而增加。因此，对于十六烷值这一指标而言，不应追求过高的十六烷值，适宜的十六烷值才是最佳的。

目前，我国普通柴油和车用柴油要求十六烷值控制在45～51，中间基原油炼制的柴油十六烷值要求可放宽到不低于40。而在第五版的《世界燃油规范》中，第四、五类柴油的十六烷值都要求不得低于55。

（4）十六烷值与化学组分的关系

柴油的化学组分对十六烷值影响很大。对碳原子数相同的烃类来说，正构烷烃的十六烷值最高，其次是烯烃、异构烷烃和环烷烃，芳烃特别是无侧链稠环芳烃的十六烷值最低。烃类的异构化程度越高，环数越多，其十六烷值越低。环烷烃和芳烃随所带侧链长度的增加，十六烷值增高，而随侧链分支的增多，十六烷值减少。

（5）十六烷值与炼油工艺的关系

①直馏柴油正构烷烃多，十六烷值最高。

②催化裂化柴油芳烃多，十六烷值较直馏低，一般不可直接作柴油，必须与其他组分调和，或再进行深度加工。

③加氢裂化是将柴油进行深度加工的工艺。通过加氢，可降低芳烃含量，提高十六烷值。

④焦化柴油链烷烃较多、芳烃少，十六烷值比催化裂化柴油略高。

为改善柴油的着火性，生产企业也会加入一些添加剂。常用的添加剂是硝酸烷基酯和过氧化物等。

（6）十六烷值与十六烷指数的关系

柴油的着火性质除了用十六烷值表示外，还可以用十六烷值指数表示。由于十六烷值测定需要专用设备，其购置费用高，操作难度大，而且耗时长，重复性和再现性较差，同时测试样品用量大，影响到该方法的普及。

十六烷指数是一种很好地预测十六烷值的辅助手段，在无法用发动机试验测定十六烷值的情况下，或在试样量少到不足以进行发动机试验时，计算十六烷指数是估算十六烷值的有效方法。一般可以用计算十六烷指数作为近似的十六烷值。十六烷指数计算所得的数值虽然不如实测十六烷值准确，但简便、方便，适用于生产过程的质量控制。如有争议时，应以实测十六烷值为准。

国内外在对物性关联十六烷值的研究中，采用较多的物性是密度、馏程、苯胺点和运动黏度。我国现有的十六烷指数是关联柴油的密度和馏出温度，通过经验公式计算出来的，有二变量和四变量两种计算方法。二变量法是以 20℃ 标准密度与 50% 的馏出温度（即中沸点）进行关联计算，参考采用了 ASTM D976 标准，考虑到国内的习惯，标准中使用的是 20℃ 的标准密度，而不是 ASTM 中 15℃ 的标准密度，但是两者在关联的准确度上并没有变化。四变量法则是以 15℃ 的标准密度与 10%、50% 和 90% 的馏出温度进行计算，等效采用了 ISO4264 的标准。

使用十六烷指数方法往往对于某种馏分燃料的十六烷值已经确定的情况下，这种燃料的原料和生产工艺保持不变的前提下，可以比较便捷地检验出生产的产品的十六烷值。通过实验证明，对于直馏柴油和催化裂化柴油以及它们的混合物，十六烷指数与十六烷值的相关性最好，对于热裂化燃料含量较多的混合物，其相关性最差。

但是，通过十六烷指数来估算商品柴油的十六烷值现在已经有着很大的局限性。随着世界能源需求的紧张、柴油加工工艺的发展，以及越来越严格的环保要求形势，现在市场上出现许多性质迥异的柴油。如生物柴油、醇化柴油的兴起，不同功能添加剂如十六烷值改进剂、降凝剂等的加入，都使柴油的组成和性质发生了变化，对十六烷值产生很大的影响，使得十六烷值与现有的十六烷指数计算方法关联性越来越差。

柴油中添加十六烷值改进剂可以改善十六烷值，但不能改变十六烷指数。加十六烷值改进剂柴油的十六烷值与十六烷指数不具有相关性。

2.2.2.2　凝点及冷滤点

（1）凝点及冷滤点的含义

①凝点。石油产品在试验条件下冷却到液面不移动时的最高温度，以℃表示。测定方法是将试样装在规定的试管中，并冷却到预期的温度时，将试管倾斜 45°经过 1min，观察液面是否移动。

②冷滤点。用于评估燃料系统中燃料正常流动的最低温度。它是试样在规定条件下冷却，当试样不能流过过滤器或 20mL 试样流过过滤器时间大于 60s，或试样不能完全回流试杯时的最高温度，以℃表示。

（2）指标的技术要求

指标的技术要求见表 2-30。

（3）指标的意义和作用

凝点和冷滤点反映的都是油品的低温流动性能。柴油在低温下的流动性能不仅关系到柴油机燃料供给系统在低温能否正常供油，而且与柴油在低温下的贮存、运输等作业能否正常进行有密切的关系。我国产品标准中评价柴油低温流动性能的指标为凝点和冷滤点。而冷滤点测定的条件近似于使用条件，可用来粗略判断柴油可能使用的最低温度。凝点则是柴油牌号划分的依据。

表 2-30　车用柴油 GB 19147 和普通柴油 GB 252 的凝点和冷滤点的技术要求

项　目	质量指标																	
	车用柴油（V）						车用柴油（Ⅵ）						普通柴油					
	5 号	0 号	-10 号	-20 号	-35 号	-50 号	5 号	0 号	-10 号	-20 号	-35 号	-50 号	5 号	0 号	-10 号	-20 号	-35 号	-50 号
凝点/℃ 不高于	5	0	-10	-20	-35	-50	5	0	-10	-20	-35	-50	5	0	-10	-20	-35	-50
冷滤点/℃ 不高于	8	4	-5	-14	-29	-44	8	4	-5	-14	-29	-44	8	4	-5	-14	-29	-44

低温流动性通常与两个因素相关：一是与油品的黏度相关。随着温度的下降油品黏度增大。这主要发生在以环烷基和中间基原油为主炼制的柴油中。加入低温流动性能改进剂，通过晶核作用，可显著降低柴油的低温表观黏度，从而改善柴油的低温流动性能。二是与油品的结构相关。油品中原来呈溶解状态的石蜡分子因温度下降使固体结晶析出，形成僵硬的三维网状结构使柴油失去流动性。

（4）凝点、倾点、冷滤点和浊点的关系

这四个指标均表征柴油的低温流动性，但它们并不存在十分清晰的线性关系。一般情况下，同一油品的四个指标进行比较，凝点最低，浊点最高。图 2-34 反映了不同车用柴油样品，冷滤点均比浊点低。欧盟标准用浊点和冷滤点来表征低温流动性，要求两者之间小于 10℃。

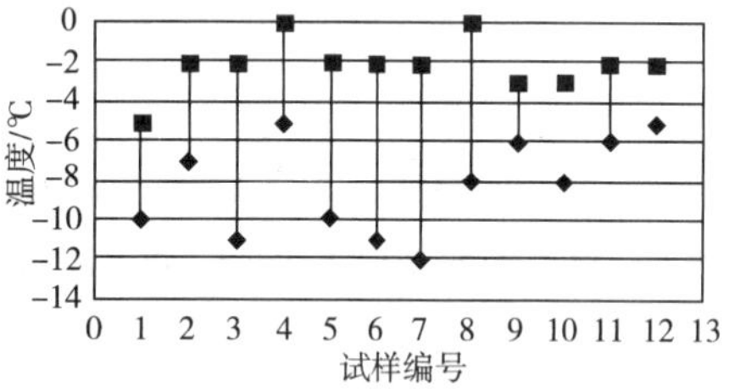

图 2-34　车用柴油浊点与冷滤点比较

■浊点　◆冷滤点

降凝剂是改善柴油低温流动性的添加剂，可以降低柴油的凝点和冷滤点。不同柴油对于降凝剂的感受性存在差异，感受性的差异会导致冷滤点降低幅度与凝点降低幅度不同。一般柴油的凝点或冷滤点不合格时，加入适量降凝剂即可满足标准要求。配伍性好的降凝剂对柴油的凝点、冷滤点均有较好的改善，但不能降低柴油浊点。降凝剂的添加量对油品通过过滤器有明显的影响。如图 2-35 所示，在黏度差相等即降凝剂溶解度相同的情况下，降凝剂添加比例从 12% 增加到 20%，实验表明，添加比例越大的油品通过过滤器前后的压差越大，换而言之是通过过滤器的效果越差。因此，要控制柴油降凝剂的添加比例。

2011 年冬季，北方某地区发生了多辆车因柴油结蜡堵塞油路而不能正常启动的情况。经对柴油进行分析，并与其他多个柴油进行凝点、冷滤点、浊点的对比，该批用油为 -20 号柴油，虽然凝点、冷滤点符合标准要求，但浊点明显偏高，与正常油品相比，浊点和冷滤点差距过大，这是由于使用了过量的降凝剂，降低了冷滤点，达到 -20 号柴油标准要求，但是由于浊点过高，还是影响了实际的使用。为防止检测结果与实际使用不相符而发生柴油结蜡堵塞油路的现象，北方地区建议增加冬季柴油采购入库的浊点质量指标控制。

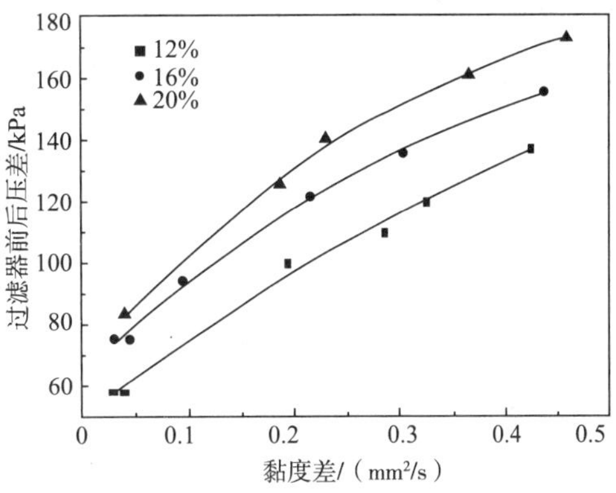

图 2-35　不同降凝剂添加比例对油品通过过滤器的影响

2.2.2.3　闪点

（1）闪点的含义

闪点是指在规定试验条件下，试验火焰引起试样蒸气着火，并使火焰蔓延至液体表面的最低温度，修正到 101.3kPa 大气压下。目前常见的闪点检测方法有宾斯基 - 马丁闭口杯法和克利夫兰开口杯法。开口杯法适用于除燃料油（燃料油通常以闭口杯法进行测定）以外，开口杯闪点超过 79℃ 的石油产品。闭口杯法适用于闪点高于 40℃ 的样品，如柴油；低于 40℃ 的喷气燃料也使用闭口杯法，如 3 号喷气燃料。

（2）指标的技术要求

车用柴油 GB 19147 和普通柴油 GB 252 的闪点技术要求如表 2-31 所示。

表 2-31　车用柴油 GB 19147 和普通柴油 GB 252 的闪点技术要求

项　目	质量指标																	
	车用柴油（Ⅴ）						车用柴油（Ⅵ）						普通柴油					
	5 号	0 号	-10 号	-20 号	-35 号	-50 号	5 号	0 号	-10 号	-20 号	-35 号	-50 号	5 号	0 号	-10 号	-20 号	-35 号	-50 号
闪点(闭口)/℃　不低于	60			50	45		60			50	45		55				45	

（3）指标的意义和作用

闪点是区分油品火灾危险性的重要指标。柴油的闪点对发动机操作性能和尾气排放影响不大，主要是运输和储存安全的一个表征性指标。闪点越低，则挥发性越高，越容易着火或闪爆，安全性越差。根据石油库设计规范 GB 50074，闪点 <28℃ 的是甲类危险品，28℃ ≤闪点 <60℃ 的是乙类危险品，闪点≥60℃ 的是丙类危险品。柴油属乙 B 类危险品。2015 年 2 月，国家安全监管总局发布了新版《危险化学品目录》（2015 版），将“柴油（闭杯闪点≤60℃）”纳入到危险化学品目录中。并且在 2015 年 8 月下发的“国家安全监管总局办公厅关于印发危险化学品目录（2015 版）实施指南（试行）的通知（安监总厅管三〔2015〕80 号）”中明确规定：对生产、经营柴油的企业（每批次柴油的闭杯闪点均大于 60℃ 的除外）按危险化学品企业进行管理。根据上述规定，需要对国内炼油设施、

储运设施、消防设施、加油站等相关设施等进行改造并取得消防认证，其工程量及耗资巨大 。在此次对国内炼油生产企业调查情况看，除低凝柴油（－20 号、－35 号和－50 号）外，占柴油总产量 85% 以上的 5 号、0 号和－10 号等车用柴油，约 95% 的产品闪点均可达到 60℃以上，为此为了提高柴油的安全性，减少不必要的装置改造，2016 版的标准中把国Ⅳ、国Ⅴ和国Ⅵ中的 5 号、0 号和－10 号车用柴油的闪点标准修改为不低于 60℃。而对于低凝柴油则维持原有的规定不变。要注意的是，由于船舶机舱规定不得使用闪点低于 60℃的燃料油，因此供应给水上加油站的油品或船用柴油，闪点也应不小于 60℃。

闪点也是一个判断油品在储运过程中是否受到污染的指标之一。如柴油混入汽油，由于汽油闪点很低，接近－50℃（见表 2-32），一旦柴油混入汽油等轻质馏分时，微量污染将会迅速降低柴油的闪点。

表 2-32　石油产品闪点范围参照表

序号	名称	C 链结构	闪点/℃
1	液化石油气	$C_3 \sim C_4$	－74
2	汽油	$C_4 \sim C_{12}$	－50 ~ 28
3	煤油	$C_{10} \sim C_{16}$	28 ~ 45
4	轻柴油	$C_{17} \sim C_{23}$	45 ~ 90
5	重柴油	$C_{18} \sim C_{40}$	63 ~ 120
6	蜡油	C_{16}以上的正构烷烃	>120
7	润滑油	$C_{14} \sim C_{36}$	120 ~ 250
8	沥青	C_{72}以上	>120

1 产品的闪点与其组成有关，上述仅是其闪点大概范围值的参考，其实际闪点有可能超出该范围。

（4）闪点与组成的关系

油品中轻质组分对于闪点影响较大。对于石油产品，随着相对分子质量的增加，它们对应的闪点由低到高（见表 2-33）。一般规律是，油品的蒸气压愈高，馏分组成越轻，则该油品的闪点越低；反之，馏分组成越重的油品具有越高的闪点。

表 2-33　化学组分与闪点对照表

序　号	名　称	结构简式	闪点/℃
		烷　类	
1	丁烷	$CH_3CH_2CH_2CH_3$	－60
2	戊烷	$CH_3CH_2CH_2CH_2CH_3$	－40
3	己烷	$CH_3CH_2CH_2CH_2CH_2CH_3$	－21.7
4	庚烷	$CH_3CH_2CH_2CH_2CH_2CH_2CH_3$	－4.0
5	辛烷	$CH_3CH_2CH_2CH_2CH_2CH_2CH_2CH_3$	12
6	任烷	$CH_3CH_2CH_2CH_2CH_2CH_2CH_2CH_2CH_3$	33
7	癸烷	$CH_3CH_2CH_2CH_2CH_2CH_2CH_2CH_2CH_2CH_3$	<61

续表

序号	名称	结构简式	闪点/℃
醇类			
1	甲醇	CH_3OH	11.0
2	乙醇	CH_3CH_2OH	11.1
3	1-丙醇	$CH_3CH_2CH_2OH$	15
4	1-丁醇	$CH_3CH_2CH_2CH_2OH$	28.9
5	1-戊醇	$CH_3CH_2CH_2CH_2CH_2OH$	33
6	2-己醇	$CH_3CH_2CH_2CH_2CHCHCH_3$	58

2003 年 6 月，某渔船机舱突发爆炸。正在驾驶室内的船长、大副、轮机长、二管轮、轮机员等船员均被爆炸气体烧伤，船体严重损毁，经济损失近千万元。渔船使用了劣质的柴油是导致事故发生的罪魁祸首。经检测，该批柴油闪点仅为 23℃。由于所使用的柴油闪点过低，导致油品易引燃、易挥发，在注入燃油舱时油气从燃油舱的出气口挥发进入机舱内，加之渔船的机舱通风条件差，舱内积聚大量的可爆燃的油气，同时机舱内狭窄，机器在运转过程大量散热，造成舱内温度较室外高 2～5℃，达到 25℃（事发当天的室外温度为 20℃）。上述因素满足了混合气体爆炸的条件，所以当船舶在启动主机时产生的火花，瞬间引爆机舱内的油气。

2.2.2.4　氧化安定性

（1）氧化安定性的含义

安定性是指柴油在储存、运输和使用过程中保持其外观颜色、组成和使用性能不变的能力，预示柴油在储存和运输过程中，在与空气和少量水存在的情况下生成沉淀物和胶质的趋势，是对油品储存安定性评价的其中一项指标。

柴油通过加速氧化法获得总不溶物这个指标来反映油品的氧化安定性能。总不溶物是黏附性不溶物和可滤出不溶物的总和。

（2）指标的技术要求

指标的技术要求见表 2-34。

表 2-34　车用柴油 GB 19147 和普通柴油 GB 252 的氧化安定性技术要求

项　目	质量指标																	
	车用柴油（Ⅴ）						车用柴油（Ⅵ）						普通柴油					
	5 号	0 号	-10 号	-20 号	-35 号	-50 号	5 号	0 号	-10 号	-20 号	-35 号	-50 号	5 号	0 号	-10 号	-20 号	-35 号	-50 号
氧化安定性（以总不溶物计）/(mg/100mL)　不大于	2.5						2.5						2.5					

（3）指标的意义和作用

柴油氧化安定性是油品储存安定性的一个重要指标。虽然SH/T0175馏分燃料油氧化安定性测定法（加速法）不能准确预测其在储存一定时间后生成的总不溶物的量，但是可预示其在储运过程中生成沉淀物和胶质的趋势。柴油发动机运转时，油箱中温度可达60～80℃，由于油箱中柴油剧烈的震荡，而与空气充分接触，使柴油中溶解氧达到饱和程度。柴油进入燃油系统后，温度继续升高，并在金属的催化作用下，使其中不安定组分与溶解氧急剧氧化，生成氧化缩合产物。若柴油氧化安定性不好，生成的沉淀就会使喷油嘴或过滤器堵塞。沉积在喷嘴周围呈积碳状的缩合物能破坏燃料供应，使喷雾恶化，严重时会中断供油；沉积在燃烧室壁及气门部位的积炭，使柴油喷射系统形成漆膜并使活塞环黏结和加大磨损。同时由于柴油中的烃类发生氧化，柴油的颜色也会加深变黑，硫、氮类化合物越多颜色变深越快，对柴油的储存有一定影响。因此在油品进、存、销环节，包括检测环节，都要注意影响柴油氧化安定性的因素。

（4）氧化安定性与油品组成的关系

在烃类化合物中饱和烃的化学性质稳定，氧化安定性最好；烯烃特别是共扼二烯烃，双键靠近结构中心的烯烃氧化安定性最差；稠环芳烃随着沸点的升高，芳烃的支链数增加，安定性明显下降。非烃化合物，主要是含硫、氧和氮的化合物。大多数硫化物参与成胶反应，尤其是硫醇、硫醚、氮化物，均会使油品在储存中生成大量的沉淀，其中吡咯系、吲哚系化合物与空气接触后能迅速氧化生成深色聚合物；而噻吩和大多数酚类对油品的氧化安定性影响不大。

（5）氧化安定性与炼油工艺的关系

从炼制工艺上来说直馏柴油正构烷烃多，烯烃和非烃化合物少，因此氧化安定性最好，其次是催化裂化柴油，催化裂化柴油的氧化安定性界于直馏柴油与焦化柴油之间，焦化柴油烯烃、二烯烃和非烃化合物含量高，其氧化安定性最差。

（6）影响油品氧化安定性的其他因素

①环境对油品的影响。环境中的氧气、水分及环境温度、光照等均会对柴油的氧化安定性产生影响，高温、日照等均会加速油品的氧化。研究表明，水分离性差的柴油，在有沉降水的情况下，储存安定性也可在短时间内明显变差。氧化后的颗粒状杂质不仅会堵塞输油管路和滤清器，造成供油不畅，还会增加设备机件的磨损，同时生成的胶状物又加重了对柴油氧化安定性的影响。

②金属材料对氧化安定性结果的影响。研究发现，金属铜、铬对柴油组分有明显的催化作用，短时间内加快了柴油的氧化反应，总不溶物明显增加，还可观察到色度在短期内明显变深。钢、铝、铁质等对柴油氧化反应的催化作用不明显，色度无明显变化。因此，在取样时要避免使用铜质容器，检测时也注意不要使用铬酸，以免造成油品质量误判。

某厂实验室曾对柴油存放时间和存放容器进行试验，数据见表2-35，从实验数据可看出，用玻璃瓶和合金桶存放的柴油均是存放时间越长，氧化安定性越差。但相对来说玻璃瓶存放的油品变质程度要较合金桶存放的变质程度轻。

表 2-35　不同储存容器存放柴油氧化安定性的变化

样　品	平均结果/（mg/100mL）			
	采样后	1 个月后	2 个月后	3 个月后
玻璃瓶 506	0.48	0.72	0.92	1.46
合金桶 506		1.31	2.06	3.02
玻璃瓶 509	0.59	0.74	0.95	1.29
合金桶 509		1.12	1.96	2.68

某石油公司曾发生过一起与氧化安定性指标有关系的质量事件。该公司在例行质量监督抽查时发现 A 加油站被抽查的柴油氧化安定性不合格。同批次油品从同一油库发出的还有 B、C 加油站，但在检测中 B、C 加油站柴油的氧化安定性并未发现问题，而在 A 加油站的油罐取样，也未发现氧化安定性不合格。A 加油站多次排查，未发现油库和加油站有违规行为。随后，油品被送至权威检测机构进行分析，发现油品中含有铜离子。经分析，与 B、C 加油站发油量大不同，A 加油站的油品发出量很少。而加油机中加油枪、加油管等有一段是铜制材料。由于在 A 加油站的柴油发出量少，长时间储存在加油机管路中，与铜制材料长时间接触，造成从加油枪取出的油样氧化安定性指标不合格。

图 2-36 是某单位的柴油车使用了氧化安定性不合格的普通柴油，把其滤网堵死，导致车辆无法正常工作。

2.2.2.5　硫含量

（1）硫含量的含义

硫含量是油品质量的重要指标之一，硫在油品中除个别以单质硫形式存在外，大多数以有机硫化物的形式存在，如硫醇、硫醚、环硫醚、二硫化物及含硫杂环化合物等。

图 2-36　氧化安定性不合格柴油的故障

（2）指标的技术要求

指标的技术要求见表 2-36。

表 2-36　车用柴油 GB 19147 和普通柴油 GB 252 的硫含量技术要求

项　目	质量指标																	
	车用柴油（Ⅴ）						车用柴油（Ⅵ）						普通柴油					
	5 号	0 号	-10 号	-20 号	-35 号	-50 号	5 号	0 号	-10 号	-20 号	-35 号	-50 号	5 号	0 号	-10 号	-20 号	-35 号	-50 号
硫含量/（mg/kg）不大于	10						10						350（2017 年 6 月 30 日以前） 50（2017 年 7 月 1 日开始） 10（2018 年 1 月 1 日开始）					

（3）指标的意义和作用

硫天然存在于原油中，石油炼制过程中应尽量除去硫。硫在发动机中燃烧的产物 SO_2

和 SO_3 会使积炭变硬，增大磨损，腐蚀和加速发动机系统的磨耗，从而影响发动机的寿命。有大量的试验表明使用硫含量高的柴油，相关的发动机的寿命就会降低。硫会增大燃烧产物的腐蚀性，会加速润滑油的变质，甚至可能使润滑油呈酸性反应，从而增大润滑油的腐蚀性。柴油中的硫在发动机的排气和大气环境中形成硫酸盐，不但能影响人的身体健康，而且能够造成酸雨，污染环境，也对细小微粒（PM）排放有显著贡献。

（4）硫含量对排放的影响

①PM2.5 主要来源于一次颗粒物和二次气溶胶。有研究表明，柴油的硫含量与一次颗粒物排放明显相关。燃油中的硫在柴油机排气时在大气环境中形成硫酸盐，无论燃油中的硫的含量、硫的存在形式和发动机的类型如何，燃油中的硫均会以 1% ~3% 的比例转化为硫酸盐而成为 PM 的一部分。同时，硫在柴油机燃烧生成的气态二氧化硫又有一部分在大气中通过化学反应生成二次硫酸盐微粒，形成二次气溶胶。另外，硫在燃烧过程的中间产物能够催化碳烟生成，使总的颗粒物数量增加。

②值得注意的是，除了燃烧将油品中的硫转化成二氧化硫外，硫含量过高，也会影响后续处理器的效能。目前，柴油颗粒过滤器（DPF）是公认最有效的后续处理技术之一。通过过滤器可吸附绝大部分柴油排放的固体炭粒和可溶性有机成分的碳烟。此外柴油中硫含量的增高，车辆的一些排气后处理的系统的转化率会降低，有些处理系统甚至由于硫中毒而永久失效。因此降低柴油中硫的含量对保护健康、环境及车辆都意义重大。

如表 2-37 所示，有实验数据表明，当柴油中硫含量在 30μg/g 以下时，DPF 装置对 PM 排放可降低至少 70%，但是当硫含量超过 150μg/g 时，DPF 装置对 PM 排放完全失效，甚至不如发动机直接排放。

表 2-37　硫含量对 PM 排放下降率的影响

硫含量/（μg/g）	装置	PM 排放下降率		
		OICA 循环	Peak torque	Road load
3	CDPF	95	93	94
	CR-DPF	95	91	97
30	CDPF	74	72	80
	CR-DPF	72	73	81
150	CDPF	0	18	-25
	CR-DPF	-3	-19	-38
350	CDPF	-122	-211	-327
	CR-DPF	-155	-139	-401

注：CR-DPF-连续再生型柴油颗粒过滤器　CDPF-催化型柴油颗粒过滤器。

2.2.2.6　酸度

（1）酸度的含义

酸度是反映柴油中酸性物质多少的一个量度。其主要的测试方法是用沸腾的乙醇抽出试样中的有机酸，然后用氢氧化钾乙醇溶液进行滴定。中和 100mL 石油产品所需氢氧化钾的毫克数称为酸度。

（2）指标的技术要求（见表 2－38）

表 2－38　车用柴油 GB 19147 和普通柴油 GB 252 的酸度技术要求

<table>
<tr><td rowspan="3">项　目</td><td colspan="18">质量指标</td></tr>
<tr><td colspan="6">车用柴油（Ⅴ）</td><td colspan="6">车用柴油（Ⅵ）</td><td colspan="6">普通柴油</td></tr>
<tr><td>5 号</td><td>0 号</td><td>－10 号</td><td>－20 号</td><td>－35 号</td><td>－50 号</td><td>5 号</td><td>0 号</td><td>－10 号</td><td>－20 号</td><td>－35 号</td><td>－50 号</td><td>5 号</td><td>0 号</td><td>－10 号</td><td>－20 号</td><td>－35 号</td><td>－50 号</td></tr>
<tr><td>酸度（以 KOH 计）/（mg/100 mL）　不大于</td><td colspan="6">7</td><td colspan="6">7</td><td colspan="6">7</td></tr>
</table>

（3）指标的意义和作用

酸度是控制油品腐蚀性能和使用性能的主要指标之一。通过对车用柴油酸度的测定，可以了解车用柴油中的有机酸性物质含量的大小，以判断车用柴油的腐蚀性能与使用性能，使车用柴油中的酸度控制在符合车辆正常使用质量要求范围内。在 GB 19147—2009《车用柴油》标准中，由于炼油企业都应用了加氢技术来降硫，因此取消了原轻柴油的酸度指标。但是随着加氢精度加深，柴油的润滑性降低，一些添加剂生产商推出了脂肪酸型的润滑性改进剂，具有添加剂量低，效果明显的特点。但是酸型添加剂与脂肪酸酯型润滑性改进剂不同，典型的 C_{16} ~ C_{20}脂肪酸的酸值在 185 ~ 210mgKOH/g，一般较酯型的要大很多（见表 2－39），因此酸型添加剂的加入，将会导致车用柴油酸度的增加。对于某些本身酸度较高的柴油，添加酸型抗磨剂，极易导致加剂柴油酸度超标。如果柴油的酸度过高，可能会对发动机的零部件产生不利的影响，因此为了确保车辆的正常使用，从 GB 19147—2013《车用柴油（Ⅳ）》开始车用柴油标准重新规定了酸度指标要求。

表 2－39　两种类型润滑性改进剂的质量指标

<table>
<tr><td rowspan="2">项　目</td><td colspan="2">润滑性改进剂</td></tr>
<tr><td>脂肪酸 A</td><td>脂肪酸酯 D</td></tr>
<tr><td>酸值/（mgKOH/g）</td><td>199.2</td><td>13.06</td></tr>
<tr><td>凝点/℃</td><td>< －12</td><td>< －8</td></tr>
<tr><td>闪点（闭口）/℃</td><td>>160</td><td>>160</td></tr>
<tr><td>密度（20℃）/（kg/m^3）</td><td>896.5</td><td>981.7</td></tr>
<tr><td>运动黏度（40℃）/（mm^2/s）</td><td>16.97</td><td>462.90</td></tr>
</table>

2.2.2.7　残炭和灰分

（1）残炭和灰分的含义

①残炭是在规定的条件下，燃料在球形物中蒸发和热裂解后生成炭沉积倾向的量度。

它并不直接与发动机沉积相关，但它对炭沉积起指导作用。在我国，柴油中要求的是10%蒸余物残炭。

②灰分是指油品中不能燃烧的矿物质，呈粒状，非常坚硬，能在摩擦副间起磨料作用，并且具有侵蚀金属的性质，是造成气缸壁与活塞环磨损的重要原因之一。

（2）指标的技术要求

指标的技术要求见表2-40。

表2-40　车用柴油 GB 19147 和普通柴油 GB 252 的残炭和灰分技术要求

项　目	质量指标																	
	车用柴油（Ⅴ）						车用柴油（Ⅵ）						普通柴油					
	5号	0号	-10号	-20号	-35号	-50号	5号	0号	-10号	-20号	-35号	-50号	5号	0号	-10号	-20号	-35号	-50号
10%蒸余物残炭（质量分数）/%　不大于	0.3						0.3						0.3					
灰分（质量分数）/%　不大于	0.01						0.01						0.01					

注：若车用柴油和普通柴油中含有硝酸酯型十六烷值改进剂，10%蒸余物残炭的测定，应用不加硝酸酯的基础燃料进行。

（3）指标的意义和作用

残炭与灰分的区别在于，灰分是油品灼烧后剩余的金属化合物，一般含量较低，而残炭是油品热解后形成的碳质残余物，不全部是碳，而是一种会进一步热解变化的焦炭。残炭是油品中胶状物质和不稳定化合物的间接表征指标，残炭越大，油品中不稳定的烃类和胶状物质就越多。柴油以10%蒸余物的残炭作为指标，柴油的残炭值与其馏程、精制程度有关，柴油的馏分越轻，精制得越好，其残炭值就越小。残炭值可用来粗略估计柴油燃烧时形成沉积物的倾向。同样，不含十六烷值改进剂的柴油，残炭值大体上与燃烧室的沉积物有对应关系。

硝酸酯型十六烷改进剂对残炭的测定结果影响较大，因此为避免其影响，柴油产品标准中要求残炭测定必须是加入十六烷改进剂前的柴油。

2.2.2.8　铜片腐蚀

（1）铜片腐蚀的含义

铜片腐蚀表示燃料系统中黄铜和青铜部件可能被腐蚀的程度。是使用铜片直接测定油品中是否存在活性硫的一种定性方法。它与硫含量、酸度均是评价柴油腐蚀性能的指标之一。

（2）指标的技术要求

指标的技术要求见表2-41。

（3）指标的意义和作用

一般来说，引起柴油铜片腐蚀不合格的主要原因是油品中含有多种活性硫化物，如单质硫、硫醇、硫化氢、多硫化物等，也有可能是不饱和脂肪酸、氯化物等腐蚀性酸性物质。这一指标大多与炼制工艺有关，要求炼油企业必须有精制手段。单独的元素硫在很低浓度下就可产生严重的铜片腐蚀，腐蚀铜片呈灰黑色。单独的硫醇、二硫化物在低温下不会产生铜片腐蚀。元素硫和硫醇、二硫化物共存时，因硫醇、二硫化物的种类和量的不同，腐蚀铜片会出现不同的颜色。现在车用柴油基本上是采用了加氢工艺，在炼制过程中造成铜片腐蚀的污染机会较少，因此应重点防范运输或储存环节中导入的污染。

表 2-41　车用柴油 GB 19147 和普通柴油 GB 252 的铜片腐蚀技术要求

项　目	质量指标																	
	车用柴油（Ⅴ）						车用柴油（Ⅵ）						普通柴油					
	5 号	0 号	-10 号	-20 号	-35 号	-50 号	5 号	0 号	-10 号	-20 号	-35 号	-50 号	5 号	0 号	-10 号	-20 号	-35 号	-50 号
铜片腐蚀（50℃，3h）/级　不大于	1						1						1					

2.2.2.9　机械杂质与总污染物

（1）机械杂质的含义

机械杂质是指石油或石油产品中不溶于油和规定溶剂的沉淀或悬浮物，如泥砂、尘土、铁屑、纤维和某些不溶性盐类。

总污染物的含义：总污染物也是反映燃料清洁程度的一个重要指标，柴油中污染物一般包括尘土、水、微生物、碎屑、蜡等。

（2）指标的技术要求

指标的技术要求见表 2-42。

表 2-42　车用柴油 GB 19147 和普通柴油 GB 252 的机械杂质与总污染物技术要求

项　目	质量指标																	
	车用柴油（Ⅴ）						车用柴油（Ⅵ）						普通柴油					
	5 号	0 号	-10 号	-20 号	-35 号	-50 号	5 号	0 号	-10 号	-20 号	-35 号	-50 号	5 号	0 号	-10 号	-20 号	-35 号	-50 号
机械杂质	无						—						无					
总污染物含量/(mg/kg)　不大于	—						24						—					

（3）指标的意义和作用

柴油的清洁程度对发动机过滤系统非常重要，污染物的存在会影响燃料的快速过滤，严重时造成滤网堵塞，供油不畅，使发动机不能正常工作。

油品在生产、储运过程中，不可避免会受到一些诸如灰尘、铁锈、微生物等外来物质的污染，这些污染物随着燃料进入到发动机的喷油装置中，使得柴油发动机喷油装置发生磨损，或由于其他类型的污染而发生黏附的问题，因此在柴油标准中通常都会有杂质含量的技术要求。在我国国Ⅳ、国Ⅴ的车用柴油和普通柴油的标准中，是采用机械杂质指标来进行控制的，指标限值为“无”。而国Ⅵ的车用柴油标准中，不再使用机械杂质指标来控制，而是参照欧盟标准以总污染物含量来限制柴油中的杂质含量，限值要求不大于24μg/g。两个控制指标因为所使用的试验方法，它们所采用的过滤介质孔径不同。相对而言控制总污染物含量更适应于现代柴油发动机精密喷油装置的要求。

污染物质会造成加油机过滤器堵塞或车辆的供油油路堵塞，加剧喷油嘴等精密零件的磨损，甚至造成喷油嘴堵死，因此柴油中要减少杂质。图 2-37 是被机械杂质完全堵塞的过滤器。

图 2-37　被机械杂质堵塞的过滤器

污染物质较多地来自于储运环节，比如加油站和油库的储罐、运输车辆储罐等的清洁情况、油管线的清洁情况等，所以要加强对储罐、管线、运输船只、车辆和泵浦等储运设备设施的检查，建立定期清洗规范和防腐标准，加强过滤装置的定期清洁，确保燃油的洁净。

2.2.2.10　水分

(1) 水分的含义

表示油品中含水多少，以百分数表示。

(2) 指标的技术要求

指标的技术要求见表 2-43。

表 2-43　车用柴油 GB 19147 和普通柴油 GB 252 的水分技术要求

项　目	质量指标																	
	车用柴油（Ⅴ）						车用柴油（Ⅵ）						普通柴油					
	5号	0号	-10号	-20号	-35号	-50号	5号	0号	-10号	-20号	-35号	-50号	5号	0号	-10号	-20号	-35号	-50号
水分（体积分数）/%　不大于	痕迹						痕迹						痕迹					

（3）指标的意义和作用

水分是由于外界污染，或是柴油储存中由于昼夜温度变化使储罐“呼吸”空气而带入的，也有的是在生产过程中或接卸过程中带入的。柴油含水将会降低柴油的发热值。水分也会导致油品在低温下会结冰，从而使柴油机的燃料供给系统堵塞。水能溶解水溶性盐类，使柴油灰分增大；水分能直接引起金属的化学腐蚀和电化学腐蚀，柴油中的水分还能使某些含硫的燃烧产物溶于水生成腐蚀性物质，加速金属的腐蚀。此外，水分还会造成柴油中的添加剂降解氧化，生成溶胶物，堵塞过滤网（见图 2-38）。我国的柴油标准中要求水分不大于痕迹，世界燃油规范中要求柴油中水含量不得超过 200μg/g。

图2-38　溶胶物堵塞储柴油油罐过滤网

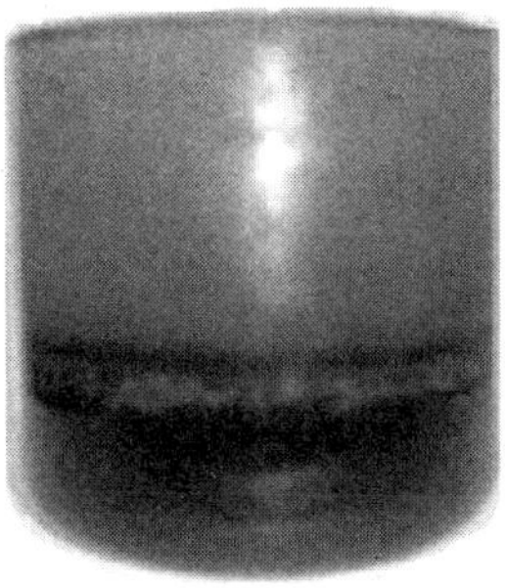

图 2-39　微生物污染的油品

从生产、运输等环节带入到油品或者雨水、空气本身在储罐生成的冷凝水等进入到油品的水，在与油的交界面上会形成非常利于细菌等微生物繁殖的环境（如图2-39 所示）。细菌和微生物的代谢物以及微生物本身对油罐等造成腐蚀所产生的机械杂质往往会使过滤器阻塞。因此，柴油的储运过程应避免带水作业，特别是夏季沿海城市，温度与湿度都适宜微生物繁殖生长，油库与加油站应加强对储罐底部的水高检查，及时排水，清洗或更换过滤器。

2.2.2.11　润滑性

（1）润滑性的含义

柴油的润滑性是指柴油在泵和喷油嘴的金属接触区减少磨损的能力。

（2）指标的技术要求

指标的技术要求见表 2-44。

表 2-44　车用柴油 GB 19147 和普通柴油 GB 252 的润滑性技术要求

<table>
<tr><th rowspan="3">项　目</th><th colspan="18">质量指标</th></tr>
<tr><th colspan="6">车用柴油（Ⅴ）</th><th colspan="6">车用柴油（Ⅵ）</th><th colspan="6">普通柴油</th></tr>
<tr><th>5 号</th><th>0 号</th><th>-10 号</th><th>-20 号</th><th>-35 号</th><th>-50 号</th><th>5 号</th><th>0 号</th><th>-10 号</th><th>-20 号</th><th>-35 号</th><th>-50 号</th><th>5 号</th><th>0 号</th><th>-10 号</th><th>-20 号</th><th>-35 号</th><th>-50 号</th></tr>
<tr><td>润滑性
校正磨痕直径（60℃）/μm
不大于</td><td colspan="6">460</td><td colspan="6">460</td><td colspan="6">460</td></tr>
</table>

（3）指标的意义和作用

柴油在一定程度上可以既作为燃料，又作为柴油喷油设备的润滑剂。如柴油润滑性差，则会使发动机部件过度摩擦引起磨损，缩短柴油机喷油泵和喷油器等部件的寿命，造成柴油雾化性能不良，发动机功率不足或怠速不稳等问题。

（4）润滑性与组成的关系

柴油的润滑性，与其含有抗磨物质多少相关。在柴油中极性较强的多环芳烃、含氧、含氮杂环化合物是很有效的抗磨剂。

（5）润滑性与炼油工艺的关系

直馏柴油由于芳烃含量低，因此其润滑性较差。随着我国柴油产品标准中硫含量越来越低，现在我国的炼油厂越来越普遍采用加氢精制、加氢裂化等工艺生产低硫柴油。随着柴油精制程度不断加深，柴油中一部分天然的极性物质也被脱除，大大降低了柴油的润滑性能。为了保证柴油润滑性要求，需在柴油中添加润滑剂（或称抗磨剂）。

2.2.2.12 多环芳烃含量

（1）多环芳烃含量的含义

多环芳烃含量是指柴油中双环及双环以上芳烃的含量。

（2）指标的技术要求

指标的技术要求见表2-45。

表2-45 车用柴油 GB 19147 和普通柴油 GB 252 的多环芳烃技术要求

项目	质量指标																	
	车用柴油（Ⅴ）						车用柴油（Ⅵ）						普通柴油					
	5号	0号	-10号	-20号	-35号	-50号	5号	0号	-10号	-20号	-35号	-50号	5号	0号	-10号	-20号	-35号	-50号
多环芳烃含量/%（质量分数）不大于	11						7						11					

（3）指标的意义和作用

多环芳烃分布广泛，在大气、土壤、河流、植物、矿藏等诸多自然环境中，有着不同程度的分布，但主要存在于煤、石油、焦油和沥青中，也可以由含碳氢元素的化合物不完全燃烧产生。汽车、飞机及各种机动车辆所排出的废气中和香烟的烟雾中均含有多种多环芳香烃。

柴油组分中对多环芳烃的限制，在健康、排放、环保领域有着重要的意义：

①多环芳烃是含两个或以上的苯环的有机化合物，如萘、蒽、菲、芘等，有些多环芳烃还含有氮、硫和环戊烷。多数多环芳烃化合物具有致癌性。目前，已知的500余种致癌物中，约有200余种为多环芳烃及其衍生物。流行病学研究表明，多环芳烃可以通过皮肤、呼吸道、消化道被人体吸收，有诱发皮肤癌、肺癌、直肠癌、膀胱癌等作用，而长期

呼吸含多环芳烃的空气，则会造成慢性中毒，即使环境中的多环芳烃含量极其微量，但仍然可以不断被生成、迁移和累计并最终进入人体，带来危害。常见的具有致癌作用的多环芳烃多为 4 ~6 环的稠环化合物。

②柴油中的多环芳烃含量过高，会对柴油机的排放造成影响。国内外的研究均发现，PM 中的多环芳烃主要是来自燃料中未完全燃烧的多环芳烃。有实验表明，柴油的组成影响颗粒物的生成，多环芳烃含量较高的柴油产生更多的颗粒物排放。这是由于多环芳烃含量越高，十六烷值越低，发动机的燃烧和排放性能越差，燃烧过程中越易产生碳烟颗粒排放，同时也易导致较高的一氧化碳和未燃碳氢化合物排放；此外，由于芳烃含碳原子数多，氢原子数少，会使发动机燃烧温度提高，在一定程度上导致氮氧化物（NO_x）排放增加。

但是，多环芳烃并非百害而无一利。适当加入含多环芳烃的重质调和组分，可适当增加柴油密度，提高柴油体积热值。同时，多环芳烃组分往往具有较好的抗磨性能，适当调入含多环芳烃的馏分油，可在一定程度上改善柴油润滑性能。

2.2.2.13　运动黏度

（1）运动黏度的含义

运动黏度是流体的动力黏度与同温度下该流体密度之比，单位为 mm^2/s，也就是流体的内摩擦力。柴油标准中的运动黏度是通过在某一恒定的温度下，测定一定体积的液体在重力下流过一个标定好的玻璃毛细管黏度计的时间，黏度计的毛细管常数与流动时间的乘积，即为该温度下测定液体的运动黏度。在温度 t 时运动黏度用符号表示。

（2）指标的技术要求

指标的技术要求见表 2-46。

表 2-46　车用柴油 GB 19147 和普通柴油 GB 252 的运动黏度技术要求

项　目	质量指标																	
	车用柴油（Ⅴ）						车用柴油（Ⅵ）						普通柴油					
	5 号	0 号	-10 号	-20 号	-35 号	-50 号	5 号	0 号	-10 号	-20 号	-35 号	-50 号	5 号	0 号	-10 号	-20 号	-35 号	-50 号
运动黏度(20℃)/(mm^2/s)	3.0 ~8.0		2.5 ~8.0		1.8 ~7.0		3.0 ~8.0		2.5 ~8.0		1.8 ~7.0		3.0 ~8.0			2.5 ~8.0	1.8 ~7.0	

（3）指标的意义和作用

柴油的黏度与柴油机供油量的大小以及雾化的好坏有密切的关系。柴油黏度过小，容易从高压油泵的柱塞和泵筒之间的间隙中漏出，会使喷入气缸的燃料减少，造成发动机功率下降。柴油黏度越小，雾化后液滴直径越小，喷出的油流射程也越短，喷油射角大，因而不能与气缸中全部空气均匀混合，造成燃烧不完全。黏度过小还会影响油泵的润滑。柴油的黏度过大会造成供油困难，同时，喷出的油滴的直径过大，油流的射程过长，喷油射角小，使油滴的有效蒸发面积减少，蒸发速度减慢，这样也会使混合气组成不均匀、燃烧不完全、燃料的消耗量增大。为保证柴油有良好的雾化效果和良好的燃烧性能，所以运动黏度不能过大，也不能过小，在国家柴油标准中给出的黏度要求是一个范围值。

（4）黏度与组成的关系

碳原子数相同时，油品中烃类黏度的由低到高的顺序为：正构烷烃 < 异构烷烃 < 芳烃 < 环烷烃，且环数越多，黏度越大。同系物中相对分子质量越大，黏度越大，因此馏分越重黏度越大。一般含烷烃较多的石蜡基原油的柴油黏度较小，而环烷基原油的柴油黏度较大，煤制柴油的黏度也较低。

（5）黏度与温度的关系

一般，油品随着温度的降低黏度增大，当黏度达到一定值时，油品便失去了流动性。反之，温度升高，所有馏分的黏度都减小，最终趋于一个极限值。由于温度对油品的黏度影响很大，故通常注明测定黏度时的温度。测定评价柴油的黏温性能是在20℃进行的。

2.2.2.14　馏程

（1）馏程的含义

用初馏点和终馏点表征的油品馏分温度范围。

在专门的蒸馏仪器中，所测得液体试样的用蒸馏温度与馏出量之间以数字关系表示试样沸腾的范围，通常以一定温度下回收的冷凝液体的体积百分数或冷凝液体回收到一定百分数时读出的蒸馏温度来表示。

（2）指标的技术要求

指标的技术要求见表2-47。

表2-47　车用柴油 GB 19147 和普通柴油 GB 252 的馏程技术要求

项目	质量指标																	
	车用柴油（Ⅴ）						车用柴油（Ⅵ）						普通柴油					
	5号	0号	-10号	-20号	-35号	-50号	5号	0号	-10号	-20号	-35号	-50号	5号	0号	-10号	-20号	-35号	-50号
馏程																		
50%回收温度/℃　不高于	300						300						300					
90%回收温度/℃　不高于	355						355						355					
95%回收温度/℃　不高于	365						365						365					

（3）指标的意义和作用

馏程是评定液体燃料蒸发性的最重要的质量指标。它既能说明液体燃料的沸点范围，又能判断油品组成中轻重馏分的大体含量，对生产、使用、贮存等方面都有着重要的意义。

50%回收温度主要反映柴油的蒸发水平，表示柴油中轻馏分的含量。50%的回收温度低，则意味着柴油馏分轻，柴油经过喷油嘴后的雾化效果良好，油滴和空气充分接触燃烧完全，蒸发和燃烧速度快，发动机易起动。柴油馏分过轻对燃烧也是不利的。因为馏分过轻的柴油蒸发速度过快，在发动机中混合气数量过多，使发动机气缸压力急剧上升，造成滞燃期长，着火时易产生爆震。而 50% 回收温度过高，则意味着柴油轻质馏分少，将使发动机启动困难。从十六烷值指数的公式中也可以看到 50% 回收温度与柴油着火性能是密切相关的。

90% 和 95% 的回收温度均表示重质馏分的含量，回收温度低，则柴油雾化过程均匀，燃烧充分、稳定，提高燃烧性能。但是回收温度过低，则柴油经济性差，油耗量大。回收温度高，意味着柴油热值高，经济性好，但是过高，则意味着重馏分过多，蒸发速度过慢，造成喷射雾化不良，燃烧不完全，导致发动机功率下降，同样也会增加耗油量。而且柴油在高温下发生热分解生成积炭，磨损增加，造成排气带黑烟，影响了车辆尾气排放效果。由此可见柴油过轻或过重都是不适宜的。

2.2.2.15　脂肪酸甲酯

（1）脂肪酸甲酯的含义

脂肪酸甲酯，是一种生物质燃料，大多数是从动植物中提炼出油脂，通过与醇（甲醇或乙醇）经酯交换反应制得的脂肪酸单烷基酯。其中，C_{16} ~ C_{22} 的脂肪酸甲酯，因与柴油性能最接近，与石油柴油有良好的调和性，可以任意比例混兑，是柴油发动机最有发展潜力的替代燃料，又常被称为生物柴油。实际上，脂肪酸甲酯只是生物柴油中最典型的一种。

（2）脂肪酸甲酯的特点

脂肪酸甲酯具有闪点高、十六烷值高、硫含量低、密度大、氧化安定性差、酸度大等特点，如表 2-48 所示。

表 2-48　典型的生物柴油 BD100 的产品标准

项　目		质量指标（GB/T 20828—2015）	
		S50	S10
密度（20℃）/（kg/m^3）		820 ~ 900	
运动黏度（40℃）/（mm^2/s）		1.9 ~ 6.0	
闪点（闭口）/℃	不低于	101	
冷滤点/℃		报告	
硫含量/（mg/kg）	不大于	50	10
残炭/%（质量分数）	不大于	0.050	
硫酸盐灰分/%（质量分数）	不大于	0.020	
水含量/（mg/kg）	不大于	500	
机械杂质		无	
铜片腐蚀（50℃，3h）/级	不大于	1	
十六烷值	不小于	49	51
氧化安定性（110℃）/h	不小于	6.0	

续表

项　目		质量指标（GB/T 20828—2015）	
		S50	S10
酸值/（mgKOH/g）	不大于	0.50	
甲醇含量/%（质量分数）	不大于	0.20	
游离甘油含量/%（质量分数）	不大于	0.020	
单甘酯含量/%（质量分数）	不大于	0.80	
总甘油含量/%（质量分数）	不大于	0.240	
90%回收温度/℃		360	
一价金属（Na+K）含量/（mg/kg）	不大于	5	
二价金属（Ca+Mg）含量/（mg/kg）	不大于	5	
酯含量/%（质量分数）	不大于	96.5	
磷含量/（mg/kg）	不大于	10.0	

（3）指标的技术要求

指标的技术要求见表2-49。

表2-49　车用柴油GB 19147和普通柴油GB 252的脂肪酸甲酯技术要求

项　目	质量指标																	
	车用柴油（Ⅴ）						车用柴油（Ⅵ）						普通柴油					
	5号	0号	-10号	-20号	-35号	-50号	5号	0号	-10号	-20号	-35号	-50号	5号	0号	-10号	-20号	-35号	-50号
脂肪酸甲酯（体积分数）/%　不大于	1.0						1.0						1.0					

（4）指标的意义和作用

一般的车用柴油或普通柴油中，添加脂肪酸甲酯，主要是为了提高柴油的润滑性。在GB 19147—2013标准中，从2013年开始取消了原来不得人为加入脂肪酸甲酯的要求，规定允许在第四、五阶段的车用柴油中使用脂肪酸甲酯，但其加入量不应大于1%（体积分数）。对于加入量高于1%（体积分数）的柴油则应执行我国相应的生物柴油调和燃料国家标准（如B5标准）。

含脂肪酸甲酯较多的燃料，其中的酸性成分对某些橡胶或塑料部件，如垫圈、油封等有溶胀、腐蚀作用，造成橡胶制品变硬、脆化、溶胀或软化，塑料制品则会溶胀、变粘，甚至垫圈、垫片变形而造成漏油等安全问题。从图2-40可以看到石油炼制柴油对橡胶基本上没有溶胀，但随着脂肪酸甲酯掺入到柴油的比例增加，橡胶的溶胀性增大，BD100对橡胶的溶胀性能最强。

脂肪酸甲酯对不同橡胶的使用兼容性不同，实验表明，氟橡胶（FKM）对生物柴油有较强的兼容性，其次是丁腈橡胶（NBR），氯丁橡胶（CR）与生物柴油不具备兼容性。如图 2-41 ~ 图 2-43 是 3 种橡胶前后浸泡在棕榈油提炼的脂肪酸甲酯中质量、体积和硬度随时间变化的情况。图 2-44 和图 2-45 是 3 种橡胶浸泡前后拉伸的变化情况。

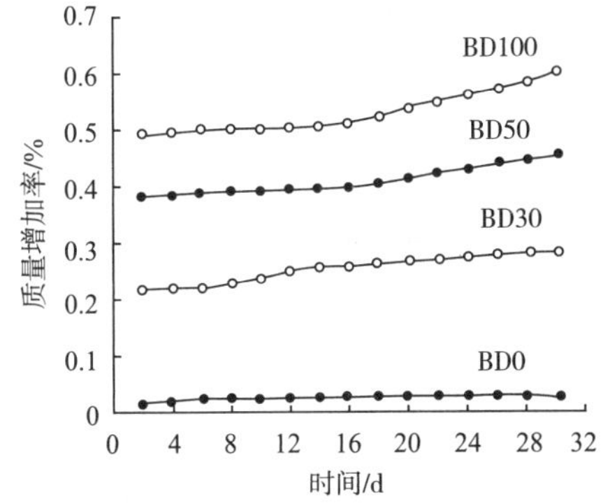

图 2-40　橡胶件质量率随时间的变化

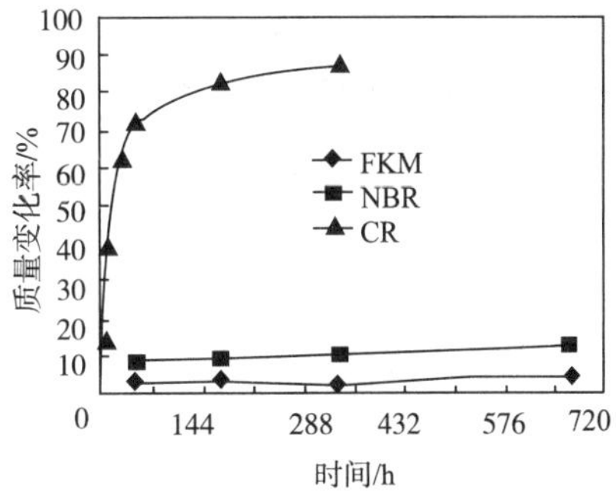

图 2-41　不同橡胶质量随浸泡时间的变化

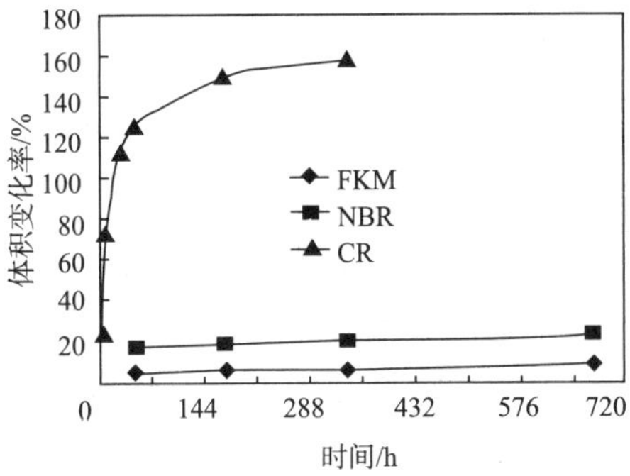

图 2-42　不同橡胶体积随浸泡时间的变化

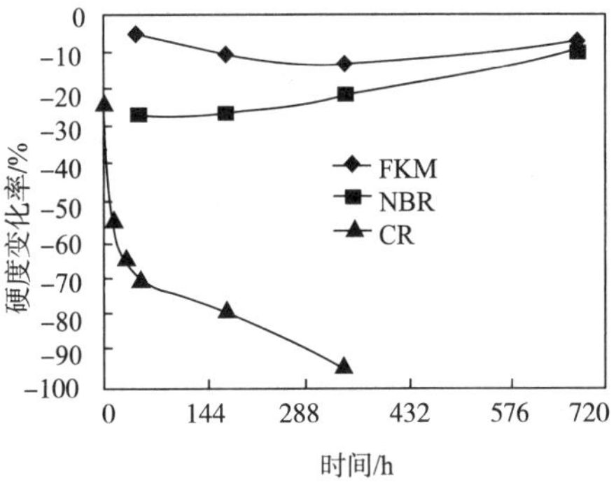

图 2-43　不同橡胶硬度随浸泡时间的变化

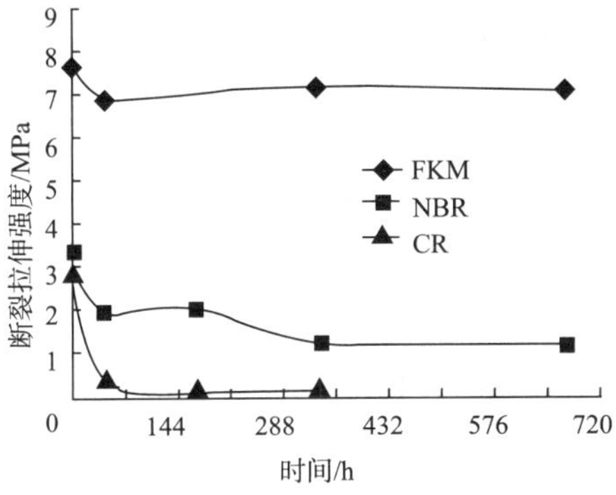

图 2-44　不同橡胶断裂拉伸强度随浸泡时间的变化

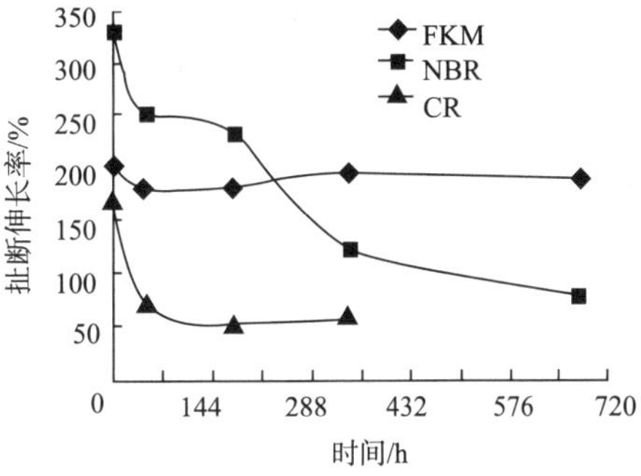

图 2-45　不同橡胶扯断伸长率随浸泡时间的变化

在储运过程中要注意生物柴油与车用柴油分开储存、运输。生物柴油储运的设备设施不得带水。这是因为脂肪酸甲酯吸水性强，在长期有水的条件下，可生成不饱和脂肪酸，对设备造成腐蚀，并易造成微生物繁殖。

2.2.2.16 密度

(1) 密度的含义

密度是指在规定的温度下，单位体积内所含物质的质量。国际单位以"kg/m^3"来表示。我国油品的标准密度是指其在20℃下的密度。

(2) 指标的技术要求

指标的技术要求见表2-50。

表2-50 车用柴油 GB 19147 和普通柴油 GB 252 的密度技术要求

项目	质量指标																	
	车用柴油（Ⅴ）						车用柴油（Ⅵ）						普通柴油					
	5号	0号	-10号	-20号	-35号	-50号	5号	0号	-10号	-20号	-35号	-50号	5号	0号	-10号	-20号	-35号	-50号
密度（20℃）/（kg/m^3）	810~850			790~840			810~845			790~840			报告					

(3) 指标的意义和作用

①柴油密度是油品性能的一个重要指标。它直接应用于贸易交接、储运等的计量，关系到企业的效益。对油品体积与质量关系之间的转换必须要使用到油品的密度。

②密度与柴油的雾化和排放性能有关，柴油的密度对喷入柴油机缸内油束喷雾的状态、喷射距离有直接的影响。世界燃油规范中指出，燃油密度影响机械控制喷射装置的喷油正时，进而影响发动机的排放和油耗。排放实验表明，降低密度可有效降低柴油机的PM排放和重负荷柴油机的NO_x排放，但是密度降低会增加燃油的消耗。

③密度与油品的其他参数密切相关，如馏程、运动黏度、十六烷指数等。一般情况下，密度增加，油品的黏度也随之增大，将影响油品的雾化性能，造成柴油燃烧恶劣，不但是排放性能造成影响，经济性能也被降低。密度过低，则柴油的黏度也降低，易造成泄露和热值的下降，导致油耗的增加。因此对于车用柴油密度应控制在一个合理的范围内。

第3章　常见机动车替代能源

替代能源通常是指可替代石油、天然气和煤炭等不可再生化石燃料的能源，包括风能、太阳能、生物质能、海洋能、水能、氢能、地热能等可再生能源，也包括核能等不可再生能源。能源问题成为中国乃至世界经济生活中关注率最高的问题，尤其石油是不可再生的战略资源，是现代经济社会赖以正常运转的血液，除了对石油资源大力开源节流外，寻找替代能源也是极其重要的发展方向。2005 年中国公布的《节能中长期专项规划》提出了十大重点节能工程，其中节约和替代石油工程就包括以煤化工、天然气化工、生物质化工产品替代石油化工产品；发展混合动力汽车、燃气汽车、醇类燃料汽车和燃料电池汽车、太阳能汽车等清洁汽车；醇醚类燃料及煤炭液化技术的示范及醇类燃料的推广等内容。

3.1　乙醇汽油

3.1.1　乙醇汽油国内外发展现状

3.1.1.1　国内发展现状

我国在 2000 年开始，为解决和消化农民陈化粮的问题，原国家经贸委组织国内有关科研单位进行了乙醇汽油的可行性研究。2002 年选取河南郑州、洛阳和南阳以及黑龙江哈尔滨、肇东共五座城市开始试点使用加入 10% 变性乙醇（E10）的汽油，至今已有 10 个省使用乙醇汽油，其中黑龙江、吉林、辽宁、河南、安徽、广西 6 省（区）全境，湖北、山东、江苏和河北等 4 省共 27 个地市使用乙醇汽油。

经过十几年的努力，我国车用乙醇汽油在生产、混配、储运及销售等方面已拥有较成熟的技术。2005 年我国燃料乙醇的产量约为 200kt，据中国科学院发布的《中国工业生物技术白皮书 2015》显示，2014 年我国生物燃料乙醇年产量已经达到 2160kt，约占全球生产量的 3%。我国已经成为继美国、巴西之后的世界上第三大燃料乙醇的生产国。随着机动车排放污染的加剧和雾霾天气的增多，环境保护必将成为中国燃料乙醇行业发展的首要动因。

3.1.1.2　国外发展状况

1979 年，美国国会为保护农民利益，替农民增产的玉米寻找出路，同时减少对进口原油的依赖，从寻找替代能源的角度出发，建立了联邦政府的“乙醇发展计划”，主要内容包括使用由10%生物乙醇和90%汽油混合的燃料E10，并且减免联邦税，开始大力推广使用含10%乙醇的混合燃料。该计划的实施使美国的燃料乙醇工业得到迅速发展，燃料乙醇产量从1979年的约30kt（10.0Mgal）迅速增加到1990年的约2600kt（870Mgal），2000年又增加到约4900kt/（1630Mgal）。

2004年《联合国气候变化框架公约的京都议定书》开始生效，燃料乙醇是一种可再生能源，有明显的减少二氧化碳排放的效果，美国又通过推行RFS（美国可再生燃料标准），把推广乙醇汽油作为减排二氧化碳的具体措施。

美国的生物燃料产业在经历了近10年快速发展后，产量已跃居世界第一，拥有世界上最大的燃料乙醇生产规模，2010—2013年的燃料乙醇产量稳定在40Mt左右，2014年全美燃料乙醇总产量为约43Mt/（1430Mgal），如图3-1所示。

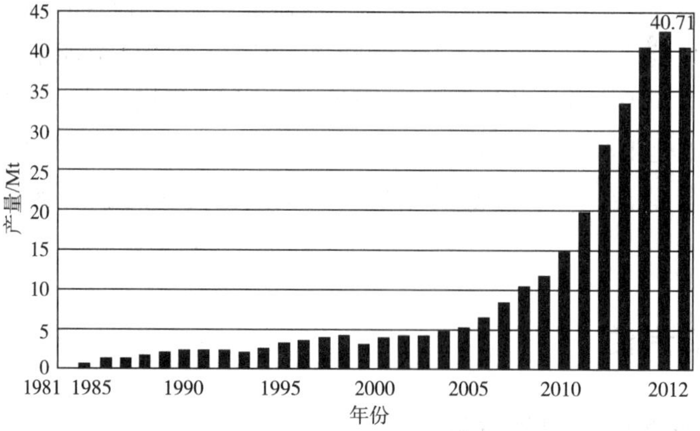

图3-1　1981—2012年美国燃料乙醇产量

巴西是世界上最早通过立法手段强制推广乙醇汽油的国家，也是目前世界上唯一不供应纯车用汽油的国家，先后在全国推广E15、E20及E25等。从1979年开始，巴西汽车工业生产使用大比例乙醇的汽车，在2003年3月至2006年10月期间，巴西售出使用乙醇的汽车共230万辆，其中使用E100的车辆占4.5%。

巴西发展燃料乙醇是基于两方面：一是降低对进口石油的依赖，二是为缓解地方性制糖工业危机。在巴西的能源结构中，生物质能源占比达到了30%，主要得益于政府的大力支持。在工业领域，政府大力倡导使用水力发电，在交通运输领域，政府大力发展燃料乙醇。

经过30年努力，巴西原油进口占比从1980年的81%降低到2012年的10%。除了1984年Marlim油田的发现使本国原油产量大大提高，另一关键要素就是巴西成功发展了燃料乙醇工业。

巴西主要用甘蔗作为原料生产燃料乙醇，原因是巴西是世界上最大的甘蔗生产国，并有丰富的适合甘蔗种植的土地资源。与其他乙醇原料相比，甘蔗具有较高的乙醇转化率。另外甘蔗生产乙醇的能量平衡也较高。近几年巴西燃料乙醇产量一直在20Mt左右，2015年将乙醇产量扩大到37Mt，如图3-2所示。

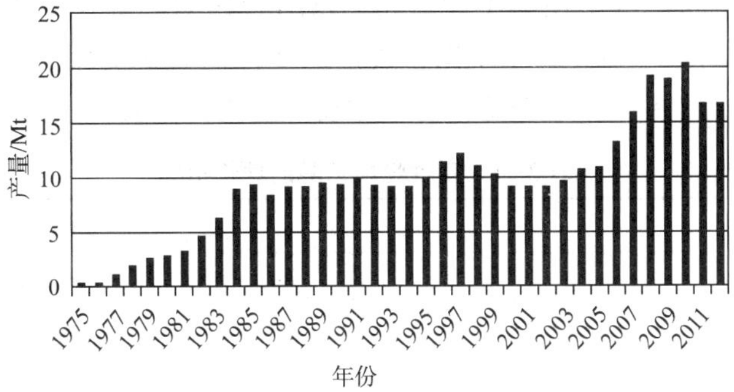

图 3-2　1975—2012 年巴西燃料乙醇产量

3.1.2　变性燃料乙醇

乙醇的生产方式主要有两种，一种是以生物质为原料的发酵法，另一种是以石化产品为原料的化学合成法。发酵法所用原料可以是淀粉质、糖蜜、纤维原料等，图 3-3 为以玉米为原料的典型生产装置。

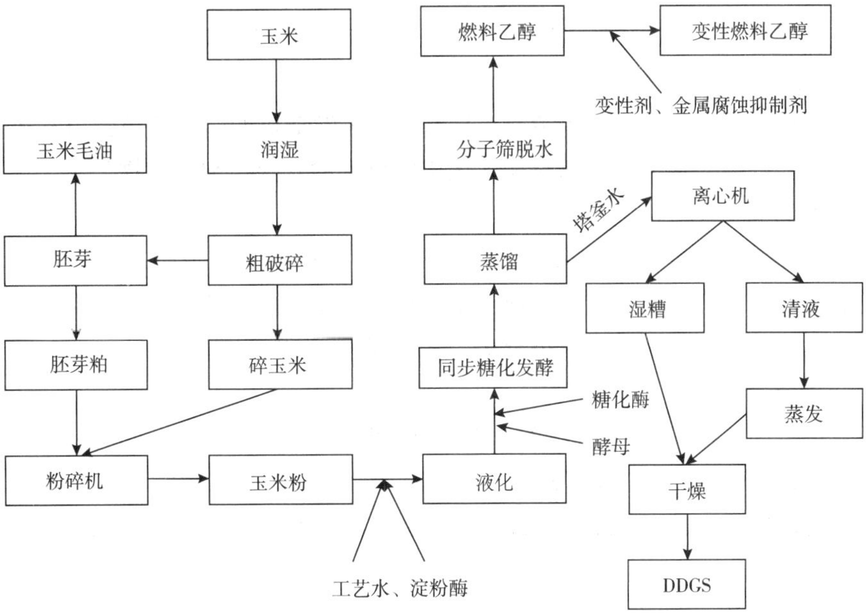

图 3-3　以玉米为原料的典型生产装置

20 世纪 50 年代以前，乙醇主要依靠生物发酵法生产。50 年代以后，随着世界石油化工工业的快速发展，乙烯经加温加压水合就能生产乙醇，这种方法在石化工业发达的国家发展很快。化学合成法的生产过程虽然简单，但受原材料来源的限制，由于 1976 年第一次“石油危机”的发生，世界范围内合成乙醇工业的发展受挫，因此，除美国有少量合成乙醇生产外，其他国家都没有大规模的工业化生产。

燃料乙醇就是未加变性剂的可作为燃料用的无水乙醇（无水酒精），而所谓的变性剂实际上就是添加到燃料乙醇中使其不能饮用、仅适于作为点燃式内燃机燃料的一种添加剂。在燃料乙醇中加入1%~5%（体积分数）的变性剂后就变成了变性燃料乙醇。根据GB 18350—2013变性燃料乙醇国家标准，其主要理化指标见表3-1。

表3-1 变性燃料乙醇的理化指标

项 目	指 标
外观	清澈透明，无可见悬浮物和沉淀物
乙醇含量/%	≥92.1
甲醇含量/%	≤0.5
溶剂洗胶质/（mg/100mL）	≤5.0
水分/%	≤0.8
无机氯（以 Cl^- 计）含量/（mg/L）	≤8
酸度（以乙酸计）/（mg/L）	≤56
铜含量/（mg/L）	≤0.08
pHe	6.5~9.0
硫含量/（mg/kg）	≤30

（1）外观

乙醇中存在悬浮物或沉淀物等杂质，易堵塞汽车发动机的输油管道，引起故障。标准规定变性燃料乙醇的外观为“清澈透明，无肉眼可见的悬浮物和沉淀物”。

（2）乙醇含量

乙醇是变性燃料乙醇中的主要成分。乙醇含量越低，其他杂质和水分含量越高。另外，除乙醇之外的某些有机含氧化合物也会对车用乙醇汽油的燃烧性能产生不利影响。标准规定变性燃料乙醇的乙醇含量不小于92.1%（体积分数）。

（3）甲醇含量

甲醇含量过高，将降低车用乙醇汽油的水溶性，提高其蒸气压。当甲醇含量超过2.5%（体积分数）时，这些影响更为严重，而且存在危险性，同时甲醇也会对人体健康造成危害，所以应严格加以控制。标准规定变性燃料乙醇的甲醇含量不大于0.5%（体积分数）。

（4）溶剂洗胶质

胶质会堵塞燃料过滤器，造成沉积物在化油器、喷射器、进气歧管、气门及气门导管表面的沉积，所以应严格加以控制。标准规定变性燃料乙醇的溶剂洗胶质不大于5.0mg/100mL。

（5）水分

水分是车用乙醇汽油中非常重要的指标。车用乙醇汽油中水含量越高，造成相分离的可能性越大，车用乙醇汽油水含量与相分离温度的关系见图3-4。从图3-4可以清楚地看出，当车用乙醇汽油中水含量增加时，相分离温度明显提高。当水含量相同时，随着乙醇含量的增加，相分离温度大幅度降低。而一旦出现相分离，水相与油相分离成上下两相，水相在下，油相在上。此时，水相中有大量乙醇和少量汽油，而油相中有少量水和乙醇，在发生相分离时，有 72% 至 80% 的乙醇从车用乙醇汽油中分离出来，导致其辛烷值下降而达不到标准的要求，另外含汽油和乙醇的废水需专门处理才能排放。

标准规定变性燃料乙醇的水含量不大于 0.8%（体积分数）。而车用乙醇汽油水含量不大于 0.2%。

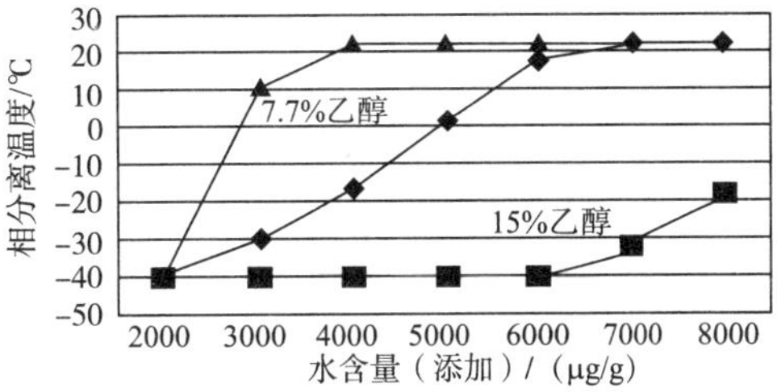

图 3-4　车用乙醇汽油的相分离性

（6）无机氯含量

氯离子会对许多金属有腐蚀作用，所以应严格加以控制。标准规定变性燃料乙醇的无机氯含量不大于 8mg/L。

（7）酸度

乙醇的酸度越高，对汽车金属部件的腐蚀性越大，所以应严格加以控制。标准规定变性燃料乙醇的酸度不大于 56mg/L。

（8）铜含量

铜是一种非常活泼、可促使烃类在低温下氧化的催化剂。根据资料介绍，若汽油中铜含量超过 0.012mg/kg，可显著提高胶质的形成速率，所以应严格加以控制。标准规定变性燃料乙醇的铜含量不大于 0.08mg/L。为防止铜金属对变性燃料乙醇样品造成影响，取样时应使用不锈钢取样器。

（9）pHe 值

根据资料介绍，当 pHe 值低于 6.5 时，会因电刷和整流器之间形成一层薄膜而造成发动机的故障，燃料喷射器也因腐蚀而失灵；当 pHe 值超过 9.0 时，发动机的塑料部件易受损。标准规定变性燃料乙醇的 pHe 值为 6.5～9.0。

（10）硫含量

硫含量是汽油质量的重要参数之一，其含量的高低对发动机的腐蚀和排放有重要的影响。硫含量过高，会导致汽车尾气催化转化器中催化剂转化效率的降低和氧传感器灵敏度的下降，从而促使车辆有害气体排放量的增加。标准规定变性燃料乙醇的硫含量为不大于 30mg/kg。

另外，燃料乙醇与变性剂的体积混合比例应为 100∶1～100∶5，标准规定的变性剂应符合 GB/T 22030《车用乙醇汽油调和组分油》和 GB 18351《车用乙醇汽油（E10）》标准要求，但不得加入其他有机含氧化合物。

发酵工艺制得的乙醇中含有少量有机酸，使其呈酸性。而乙醇又是一种易氧化的有机物，氧化后又会产生酸。为防止由此带来的金属腐蚀，在燃料乙醇出厂前应加入有效的金属腐蚀抑制剂。

3.1.3 车用乙醇汽油调和组分油

车用乙醇汽油调和组分油是按照 GB/T 22030—2015《车用乙醇汽油调和组分油》生产的用于调和乙醇汽油的组分油，不能与车用汽油相互替换。

表 3-2 车用乙醇汽油调和组分油和车用汽油的区别

产品名称	车用乙醇汽油调和组分油			车用汽油		
标准名称	GB/T 22030—2015（表 2）			GB 17930—2013（表 3）		
牌号	89	92	95	89	92	95
诱导期/min 不小于	540			480		
烯烃含量（体积分数）/% 不大于	26			24		
芳烃含量（体积分数）/% 不大于	43			40		
其他有机含氧化合物/%（质量分数）	0.5			氧含量不大于 2.7		
抗爆性 研究法辛烷值（RON） 不小于	87.0	90.0	93.5	89	92	95
抗爆指数（RON + MON）/2 不小于	82.5	85.5	89.0	84	87	90
蒸气压/kPa 11 月 1 日 ~ 4 月 30 日 不大于	40 ~ 78			45 ~ 85		
5 月 1 日 ~ 10 月 30 日 不大于	35 ~ 58			40 ~ 65		

通过表 3-2 可以看出，与车用汽油相比，车用乙醇汽油调和组分油对蒸气压、有机含氧化合物、诱导期以及水分等方面有特殊要求，对辛烷值、烯芳烃等指标有所放宽。主要差别如下：

①由于乙醇辛烷值较高，对组分油的辛烷值要求就相对降低，如 92 号组分油 RON 要求不低于 90.0 即可，但 92 号车用汽油 RON 规定不得低于 92.0。

②组分油中加入一定量乙醇后，其蒸气压会增加，所以同标号的组分油蒸气压低于车用汽油。

③考虑到汽油中过高的氧含量会对车辆使用造成不良影响，车用乙醇汽油调和组分油标准规定有机含氧化合物含量不得大于 0.5%（质量分数）。

④由于变性燃料乙醇中不含有烯芳烃组分，因此组分油中烯芳烃含量控制适当放宽。如 92 号组分油烯烃含量控制不大于 26%，但同牌号的车用汽油烯烃含量规定不大于 24%。

⑤为了保证调和后的车用乙醇汽油具有良好的氧化安定性，车用乙醇汽油调和组分油诱导期要求不小于 540min。

⑥车用乙醇汽油调和组分油对于水含量的要求更为严格。

通过表 3-2 还可以看出车用乙醇汽油调和组分油对生产质量要求更高，在油品的储存和运输方面除了遵循一般的规则外，还应特别注意以下两个方面：

（a）水含量的控制。组分油在生产、储运过程中可能会带入少量水分，因此组分油半成品罐应加强脱水，调和好的油品应存放在清洁、无水的专用储罐中；油库要对收油结束的组分油罐进行长时间的沉降、分离，以脱除其中的悬浮物及明水。

（b）严防串油和混油。不同性质油品不能相混，否则会造成油品质量指标下降，严重的会失去使用价值，故组分油应该实行专管、专罐，不能混用；对于一条管线既要输送组分油，又要输送车用汽油这种情况，应采取置换、顶线、吹扫等方式进行处理，经取样检验合格后，方能开始输送。

车用乙醇汽油不能使用添加含氧化合物的车用汽油作为组分油。车用乙醇汽油在某地推广初期，用普通车用汽油加入乙醇进行混配，消费者使用后明显感觉经济性下降，每百公里消耗增加 0.5 ~ 1.0L，动力性在爬坡、加速时不足，社会反应非常激烈。检测发现，由于车用汽油中添加了甲基叔丁基醚（MTBE），加入乙醇后，氧含量过高造成了上述不良反应。改用车用乙醇汽油调和组分油调和车用乙醇汽油后，问题得到解决。

3.1.4　车用乙醇汽油

3.1.4.1　车用乙醇汽油的调和与储运

车用乙醇汽油国家标准（GB 18351—2015）规定，车用乙醇汽油是由 90% 调和组分油 + 10% 变性燃料乙醇调和而成。常用的乙醇汽油调和方法有：罐车调和、喷溅调和、管道调和三种。

罐车调和是将车用乙醇汽油调和组分油与变性燃料乙醇分别按照比例送入汽车油罐中，再通过罐中的侧向搅拌器调和或在运输过程中完成调和。

喷溅式调和是将两种调和组分相继通过相同的装料臂和流量计送入罐车，由计算机控制调和比例，在罐车运输过程中完成混合，在 20 世纪 90 年代前，喷溅调和仍是美国等国家多数车用乙醇汽油调和商普遍采用的典型方式。

目前普遍采用的是管道调和，这种调和方式是将车用乙醇汽油组分油与变性燃料乙醇通过计算机和调节控制设备同时送至罐车内，调和比例由计算机和预制设备精确控制，在管道中实现比例调和，管道调和的基本流程见图 3-5。

管道调和具备以下优点：调和精度高、效果好，合格率高，自动化程度高，避免了一些中间环节，可减少油气挥发损耗量，降低了水进入乙醇汽油的可能性，此外，还具有管理方便、调和后可直接加入油罐车配送加油站等特点。综上所述，乙醇汽油调和应首先采用管道比例调和，国内大多采用管线调和方法，管线调和也是国外普遍使用的方法。

根据《石油库设计规范》（GB 50074）、《汽车加油加气站设计与施工规范》（GB 50156）以及《石油库设计规范》车用乙醇汽油调和设施补充规定，对于乙醇汽油调和中心以及加油站储运设备的特殊要求主要有以下几个方面：

（1）变性燃料乙醇和车用乙醇汽油的装卸环节

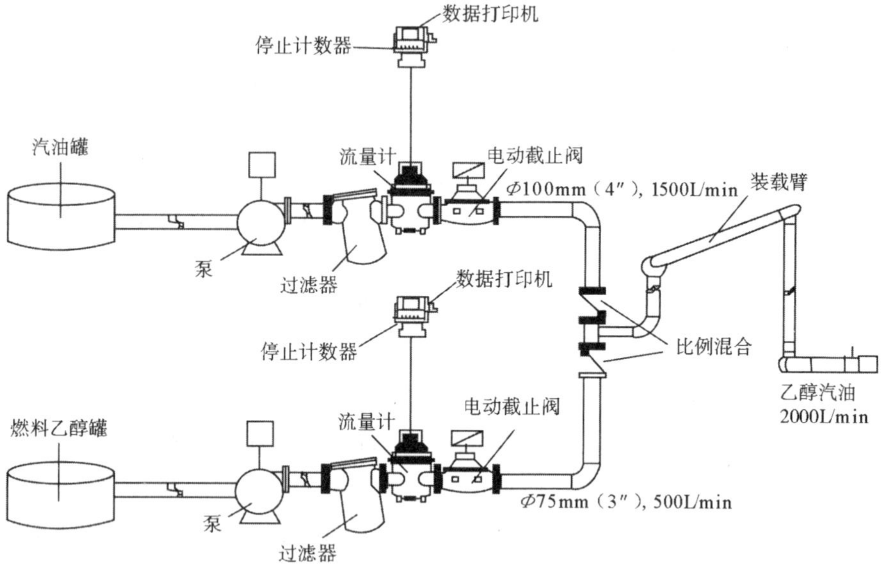

图3-5　乙醇汽油管道比例调和流程

乙醇汽油调和中心可设置1～2座独立变性燃料乙醇罐。变性燃料乙醇装卸台应设置遮雨棚且卸车鹤管、卸车泵、输送管道应单独设置；车用乙醇汽油采用浸没式装车鹤管或者底部装车方式并安装油气回收装置。

（2）变性燃料乙醇和车用乙醇汽油的储存环节

变性燃料乙醇和车用乙醇汽油调和组分油油罐可采用内浮顶罐，内壁不宜采用防腐涂料，罐底坡向排水孔。罐体上的量油孔、透光孔等附件应设计防止进水。

（3）车用乙醇汽油的输送和管道安装环节

乙醇汽油输送泵和流量计前应设置安装440μm永久过滤器，防止计量器堵塞，保证计量准确。输送乙醇汽油的管道不能与普通汽油管道混用，防止交叉污染，各类管道应设置低点排空，以利于排水和检修。

（4）消防上的特殊要求

由于乙醇可溶于水的特性，在油库一般消防要求基础上，需增加抗溶性泡沫消防设施，如含氟蛋白等各种泡沫灭火器材。

（5）加油站乙醇汽油设备环节

加油站乙醇汽油储罐设置主动或被动式真空辅助油气回收系统，上部安装呼吸阀，罐底部设置积水包并保证具有不小于0.5%的坡度，以方便罐内明水的监测及排除。储罐操作井口应高于罐区地坪，操作井应采取防水措施，避免雨水渗入井内。井口安装防雨盖板、人孔、量油孔、管线法兰等处密封良好。乙醇汽油储罐必须安装水位监测报警仪，与加油站微机联网。

乙醇汽油加油机应考虑橡胶的溶胀性和对金属的腐蚀性。加油机前还应安装精细过滤器（网），防止乙醇汽油中的微小颗粒物加到汽车油箱后对车辆使用造成影响。

其他特殊要求还有：新建加油站管道试压后宜用压缩空气吹扫干燥；加油站内设置明显的车用乙醇汽油识别标志，在储罐以及加油机醒目位置标明乙醇汽油牌号标志。

3.1.4.2　乙醇汽油的储运和使用中常见问题及处理

相对于车用汽油来说，车用乙醇汽油在储运以及使用等方面有一些特殊的要求，因此储运及使用中更会产生一些问题，本章节从以下几个方面分别阐述常见问题以及处理方式。

（1）水含量超标以及油罐进水后处理问题

乙醇是亲水性液体，易与水互溶，因此乙醇汽油在加油站的储存周期越短越好。乙醇汽油在储运销售过程中容易出现水分超标问题，若遇到新站开业、旧站油罐注水改造等情况应采用压缩气体吹扫或人工清除等办法确保油罐及管线中水分被排除干净，检查人孔、量油孔、卸油快速接头、管线法兰等较易进水的地方，要密封严实。操作井不进行工作时，应将防雨盖板盖好。在首次销售前要将管线存油进行排空并循环后取样检查外观，有条件的还需取样使用仪器分析检验合格后销售。

对于水分超标幅度不大的乙醇汽油可以采用调和方式处理合格后销售，但调和过程需要注意不能直接在加油站罐内调和，应将水含量超标乙醇汽油抽至油罐汽车内，再用水含量指标比较富余的合格乙醇汽油按照比例调和，调和后取样送检合格后尽快销售。

乙醇汽油油罐进水后，可以采取以下方式妥善处理：

方法一，将有水的乙醇汽油全部抽回油罐车，经过沉降，将底部水层排入油库油水分离池或污水处理装置处理，余下的乙醇汽油根据质检室取样检测的水分和乙醇含量的结果，按照一定比例调入同牌号的乙醇汽油中，调入的比例和数量要保证调和后的乙醇汽油各项指标符合标准要求。

方法二，将有水的乙醇汽油全部抽回油罐车，通过加水充分混合，将油层中乙醇和水分沉到底部并排入油库油水分离池或污水处理装置处理，上部的组分油经过取样检验合格后，可以输入油库对应牌号的组分油罐。

在这里需要说明的是：当乙醇汽油发生相分离时，分出的水相大约含 20% 的水、70% 的乙醇、10% 的烃类物质，由于乙醇及烃类物质会污染地下水，因此不能随意排放，必须送往专门的污水处理设施处理达标后排放。

（2）运输过程污染问题

输送车用乙醇汽油（包括组分油），必须使用专用管道和机泵，在灌装和运输过程中，严格禁止外来组分、水或杂质混入。

成品油运输方式中管道输送越来越普及，为了提高管输能力，国内外都经常采用添加减阻剂来增加输送量。资料显示，减阻剂的主要成分是高相对分子质量的聚烯烃、丁醇、聚乙烯蜡，只含碳、氢、氧 3 种元素，其有效成分会溶解在非极性溶剂中，比如汽油、柴油、原油等，但是在水、甲醇、乙醇等极性溶剂中会沉淀出来，形成颗粒或块状物质，影响车辆正常使用。管道输送乙醇汽油组分油时禁止使用减阻剂。

（3）与车用汽油混用问题

在合格的车用汽油中可加入定点加油站出售的同牌号的车用乙醇汽油。短时期内，两种汽油混用是可行的，使用车用乙醇汽油的车辆，可以加入同牌号的车用汽油，但应选择信誉好质量有保证的加油站加油。避免加入含水车用汽油和假冒伪劣油品，使车辆不能保持正常运转。

（4）对橡胶密封件的溶胀问题

车用乙醇汽油对一些车辆供油系统的油管、密封圈、密封垫有明显的溶胀性；对某些电喷车的非金属进油管和电喷油嘴垫圈等有一定溶胀影响。乙醇汽油对天然胶、氟橡胶、氰化丁腈胶、丁基胶、氯化聚醚的扯断强度和硬度有明显的降低作用，不宜在燃用车用乙醇汽油的汽车上使用。研究表明乙醇汽油对丁腈胶、顺丁胶、氯丁胶、聚氯醚等橡胶材料溶胀性影响较小，可在燃用车用乙醇汽油的汽车上使用。

（5）对乙醇汽油加油机滤网的特殊要求

车用乙醇汽油具有一定的清洗作用，可能会将管线中的铁锈和胶粒等物质清洗下来；在燃料乙醇生产过程中由于原材料霉变等原因会使得产品酸值增大，生产厂家加入工业碱液用以调节 pHe 值，会造成乙醇中含有钠等金属元素的杂质增多，堵塞车辆油路滤网。因此，应在加油机安装精细过滤网，以消除由此给车辆使用带来的不利影响。

（6）初次使用乙醇汽油注意事项

初次使用乙醇汽油，建议提前清洗油箱和油路，避免造成油箱内、油路中的沉淀或附着的各类杂质，被乙醇软化溶解下来混入油中，使得油路中相关部件堵塞；首次加油时，油箱内的沉淀积水没有清除，加油后使油箱中的水分与乙醇汽油互溶超标甚至分层，影响供油燃烧，出现油路供油异常。解决办法是放出油箱内的燃油、重新加注合格燃油并清洁油箱、油路及滤网。

若燃油泵材质在乙醇汽油中出现溶胀造成使用异常，油泵进油口被杂质堵塞，供油不畅。进油口被堵塞后使油泵在无润滑条件下长时间高速空转，会使泵油齿轮的侧向间隙迅速磨损超标，行驶中出现发动机怠速不稳、动力性能受影响，燃油泵声音增大。出现这种情况应该重点检查油泵滤网是否堵塞以及油泵外观材质是否异常，防止烧毁油泵线圈，损坏油泵。

3.1.4.3 车用乙醇汽油存在问题及发展方向

经过十几年的推广应用，车用乙醇汽油在我国得到了长足的发展，取得了良好的经济和社会效益。但是，不可否认的是乙醇汽油的推广使用也存在着一些制约因素，主要包括以下几个方面：

（1）乙醇汽油抗水性差

资料显示，一定条件下敞口容器存放的乙醇汽油，48h 后含水量增加 1 倍，如果环境温度降低，将很快出现相分离。分层后的乙醇汽油未经处理直接使用将会给车辆使用带来影响。乙醇汽油的生产、调和、运输、储存、销售以及使用过程中都需采取相应措施，势必增加生产成本且加大了管理难度，制约了乙醇汽油在南方炎热潮湿地区的发展推广。

（2）热值低于常规汽油

乙醇的热值为 26.77MJ/kg，而常规汽油为 43.5MJ/kg（几类常见物质热值和气化潜热表 3-3）。按照添加 10% 燃料乙醇比例计算，车用乙醇汽油比常规汽油热值降低 3.85%，因此发动机油耗随乙醇掺入量增加而增加。而且乙醇的气化潜热大，燃料乙醇的气化潜热为 904kJ/kg，常规汽油的气化潜热为 310kJ/kg，燃料乙醇的气化潜热约是汽油的 3 倍，理论计算车用乙醇汽油汽化时吸收的热量比常规汽油多出 19%，这会引起发动机进气温度降低，低温下不易启动，冬季暖车时间较长，导致汽车动力性和经济性有所下降。

表 3-3　几类常见物质热值和气化潜热

项　目	甲醇	乙醇	丁醇类	汽油	柴油
气化潜热/（kJ/kg）	1109	904		310	42.68~46.86
热值/（MJ/kg）	19.6	26.77	32.97~35.56	43.5	42.68~46.86

（3）污染较高

乙醇生产过程中高耗水，有机污染物排放量大。通常乙醇生产废液中含有大量有机物，进入水体后，会引起水中微生物的大量繁殖，先是好氧菌大量繁殖，消耗溶解氧，分解有机物，产生二氧化碳和其他物质。后期溶解氧减少，厌氧菌大量繁殖，继续分解有机物，产生硫化氢、硫醇等物质，使得水体发黑、发臭。

（4）生产成本高，经济性差

现在国内生产燃料乙醇的主要原料仍是玉米和小麦，生产成本相对较高。按照目前的燃料乙醇定价机制，燃料乙醇的销售价低于成本价，虽然政府给予生产企业一定补贴，但企业也只能维持不亏或微利。

（5）消耗粮食过多

我国发展乙醇汽油初期目的之一是为解决和消化农民陈化粮的问题，但是经过几年的发展陈化粮已消耗殆尽，目前企业基本都是采购新粮进行生产。我国人口众多，出现“人车争粮”，将会引发粮食战略安全问题，所以，单纯以粮食为原料生产乙醇汽油必然会陷入困境。

由于上述的这些制约因素，导致乙醇汽油的生产使用受到较大的争议，反对使用乙醇汽油的声音不断高涨。然而应该清醒地认识到，以上这些局限大多数是由于目前的生产工艺尚不够成熟，乙醇生产原料仅局限于粮食作物等引起的，但是，这些局限并不能掩盖乙醇汽油的巨大优势。随着生产技术的进步以及燃料乙醇原料的多元化，乙醇汽油将会得到更大的推广和发展。

（6）行业展望

按照技术和工艺的发展进程，燃料乙醇可分为 3 类：以玉米、小麦等粮食为原料生产的第 1 代粮食燃料乙醇；以木薯、甘蔗、甜高粱茎秆等经济作物为原料的第 1.5 代非粮燃料乙醇；以玉米秸秆等纤维素物质为原料的第 2 代纤维素乙醇。我国对产业采取的方针是“发展 1.5 代，推动 2 代”。

2008 年，我国首个 200kt/a 木薯燃料乙醇项目落户广西开始生产销售。然而我国生产燃料乙醇的木薯 80% 从泰国进口，近年来泰国制定了严格的木薯出口政策，导致木薯价格上涨，原料供应价高量少的问题凸显，企业生产困难重重。甜高粱乙醇生产也因为生产成本高、周期长、种子培育等诸多问题制约了发展。

目前公认的最具有发展前景、净能量产出巨大的乙醇生产原料是纤维素，包括玉米秸、麦秸、稻草等各种农业残余物，伐木产生的枝叶、枯木等，其生产过程主要是预处理、酶解、发酵三大关键步骤，由于目前纤维素乙醇工艺环节复杂、生产能耗高、成本较高等局限，严重阻碍了其规模化生产。但是以纤维素为原料生产乙醇汽油，具有原料来源广、可再生、净能量产出高等不可替代的优势，必将成为未来燃料乙醇的发展方向。

总之，世界各国均高度重视发展生物燃料乙醇产业。除了美国和巴西，欧盟、亚太地区的泰国、印度尼西亚、新加坡、日本等也在推广使用。我国正在研究制定的《生物燃料乙醇产业发展政策》中可能会进一步明确继续坚持“核准生产、定向流通、封闭运行、有序发展”的基本原则，将鼓励京津冀等大气污染防治重点区域推广使用乙醇汽油。《可再生能源中长期发展规划》中也明确提出，到 2020 年，燃料乙醇年利用量将达到 10Mt，也就是说每年可调和乙醇汽油 100Mt 以上，在全国更广泛的区域推广使用乙醇汽油。

3.2 煤化工制油

煤和石油都是由古代生物在特定的历史条件下，经过漫长的地质化学演变而成。煤和石油的根本区别在于：煤的氢含量和 H/C 原子比比石油低，氧含量比石油高；煤的相对分子质量大；煤的化学结构复杂，它的基本结构单元是以缩合芳环为主体的带有侧链和官能团的大分子，还含有相当数量的以细分散组分的形式存在的无机矿物质和吸附水，也含有数量不定的杂原子（氧、氮、硫）、碱金属和微量元素。通过加氢，改变煤的分子结构和 H/C 原子比，同时脱除杂原子，煤就可以液化变成油。

现代新型煤制油化工技术是以煤炭为基本原料，经过气化、合成、液化、热解等煤炭利用的技术途径，生产洁净能源和大宗化工产品，如合成气、天然气、柴油、汽油、喷气燃料、液化石油气、聚乙烯、聚丙烯、甲醇、二甲醚等。改变传统的煤炭燃烧、电石、炼焦等以高污染、低效率为特点的传统利用方式。煤制油有两种主要方法，一是直接液化法，二是间接液化法，如图 3-6 所示。

3.2.1 直接液化法

煤炭直接液化（煤加氢液化，Direct Coal Liquefaction）是煤在适当的温度和压力条件下，直接催化加氢裂化，使其降解和加氢转化为液体油品的工艺过程，因液化过程主要采用加氢手段，故又称煤加氢液化法。

煤直接液化典型的工艺过程主要包括煤的破碎与干燥、煤浆制备、催化剂制备、氢制取、加氢液化、固液分离、液体产品分馏和精制，液化大规模制备氢气通常采用煤气化或者天然气转化。图 3-7 为煤直接液化典型的工艺过程。

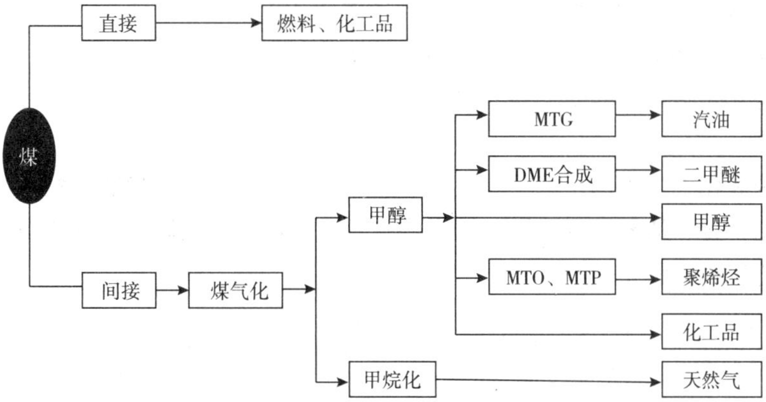

图 3-6　煤的直接、间接液化产品工艺

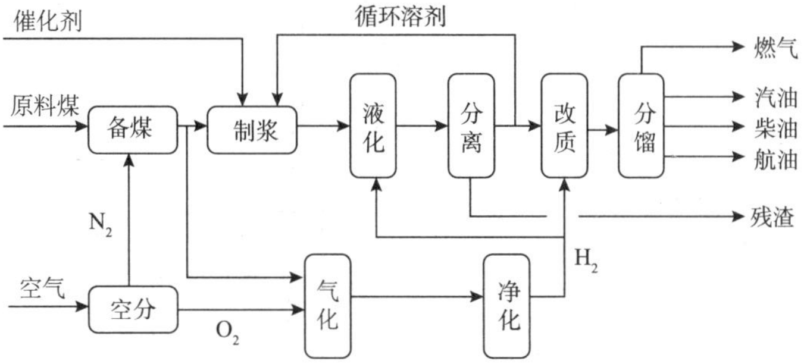

图 3-7　煤直接液化典型的工艺过程

（1）煤加氢液化过程

煤加氢液化的过程基本分为三大步骤：

①当温度升至 300℃以上时，煤受热分解，即煤的大分子结构中较弱的桥键开始断裂，产生大量以结构单元为基体的自由基碎片，自由基的相对分子质量在数百范围；

②在具有供氢能力的溶剂环境和较高氢气压力的条件下、自由基加氢得到稳定，成为沥青烯及液化油分子。能与自由基结合的氢并非是分子氢（H_2），而应是氢自由基，即氢原子，或者是活化氢分子，氢原子或活化氢分子的来源有：

（a）煤分子中碳氢键断裂产生的氢自由基；

（b）供氢溶剂碳氢键断裂产生的氢自由基；

（c）氢气中的氢分子被催化剂活化；

（d）化学反应放出的氢。

当外界提供的活性氢不足时，自由基碎片可发生缩聚反应和高温下的脱氢反应，最后生成固体半焦或焦炭；

③沥青烯及液化油分子被继续加氢裂化生成更小的分子。所以，煤液化过程中，溶

剂及催化剂起着非常重要的作用。在煤炭加氢液化过程中，溶剂的作用有以下几个方面：

（a）溶解煤，防止煤热解的自由基碎片缩聚；

（b）溶解气相氢，使氢分子向煤或催化剂表面扩散；

（c）向自由基碎片直接供氢或传递氢。

（2）举例

以某直接液化工艺为例，其主要包括固体物料输送单元、煤粉制备装置、催化剂制备装置、煤液化装置、加氢稳定装置、加氢改质装置、轻烃回收装置、油渣成型等装置。煤直接液化工艺流程见图3-8。

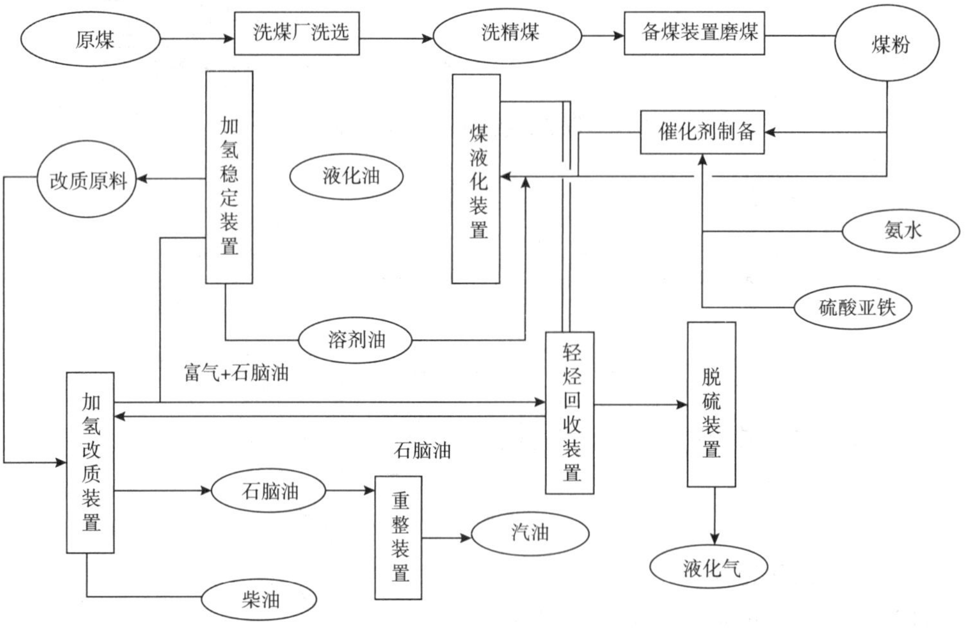

图3-8　煤直接液化工艺流程

①煤粉制备装置。液化备煤装置的任务是将合格粒度的精煤进行磨粉、干燥，为煤液化装置提供合格的煤粉。

原料洗精煤进入储仓，称重进入中速磨煤机内研磨，干燥后输送到煤粉收集器进行收集与热风分离后将煤粉送入粉仓。煤粉产品的合格率受系统的循环风量、给煤量、系统温度、旋转分离器转速等因素影响。

②催化剂制备装置。本装置由煤浆制备、催化剂制备、催化剂过滤、催化剂一段干燥、催化剂二段干燥及粉碎、气力输送6个工序组成。以硫酸亚铁、液氨为原料，煤粉为载体，用化学合成的方法制备煤直接液化催化剂，经粉碎、过滤、干燥以及气力输送等工艺过程，为煤液化装置配套提供合格高效煤直接液化催化剂。

③煤直接液化装置。由油煤浆制备部分、反应部分、常减压分馏部分和公用工程系统组成。煤液化装置采用一种水溶性的铁基催化（FeOOH）合成催化剂，增加了液体的收

率，降低了残渣的量。煤浆制备工段的目的：

（a）煤粉和供氢溶剂混捏，并使催化剂油浆与油煤浆混合；

（b）煤、油、催化剂合成油浆用泵送入反应系统；

（c）把相对于催化剂中硫铁原子数量比两倍的液体硫和制备好的煤浆混合，以保持反应器中的 H_2S 浓度。

（d）煤粉进料规定粒径要小于 200μm，以确保与供氢溶剂和催化剂良好混合，减少在管线和设备中的滞留和堵塞。煤粉进料要与热供氢溶剂预混捏以减少煤粉中的灰分对环境造成的污染，脱除水分，避免水带入系统。油煤浆在油煤浆混合罐中的停留时间为 1h，确保混合完全及潜在的煤膨胀和溶解所需的时间，同时在异常情况下，保证高压泵进料的供料缓冲时间。煤浆制备有 3 条平行独立的煤进料和混合系列，以保证稳定的煤浆进料量。

④加氢稳定装置。煤液化油经加氢稳定装置加氢反应及分馏，生产满足煤液化要求的供氢溶剂，同时生产石脑油和改质原料，并脱除硫、氮、氧及金属等杂质从而达到预精制的目的。

（a）石脑油至轻烃回收装置用于分离液化气与干气，然后送至加氢改质装置。

（b）柴油馏分送至加氢改质装置进一步提升油品质量，最终产出合格油。

（c）温溶剂和高温溶剂返回煤液化装置循环作为供氢溶剂使用。

⑤加氢改质装置。根据煤液化油的性质和产品的要求，采用高压加氢改质工艺，是深度改善加氢稳定油的质量，提高柴油十六烷值，是生产合格柴油产品的必要手段，同时也生产芳潜含量高的石脑油产品。加氢改质是加氢精制与加氢裂化这两种工艺的串联组合，但又不同于加氢裂化。

⑥轻烃回收装置。轻烃回收设计采用低于常温下的油吸收工艺，回收气体中的 C_3 及 C_3 以上组分。制冷介质为液氨，由制氢装置提供。轻烃回收装置把煤液化常顶气、煤液化膜分离尾气、加氢稳定塔顶气、加氢改质含硫气、脱硫装置净化中压气作为气体进料进行分离回收。为完成轻烃回收的任务，轻烃回收装置把加氢稳定来石脑油作为液体进料，也是气体吸收进行的液相载体。气体进料经气压机压缩升压后进入吸收稳定系统，气体中的 C_3 及 C_3 以上组分被石脑油吸收到液相中，同时液相中的 C_2 及 C_2 以下组分被解吸到解吸气中，返回吸收塔，作为干气送到脱硫装置。

⑦油渣成型装置。油渣成型装置是煤直接液化的配套装置，将来自煤液化装置的液体油渣经过固化成为片状固体，破碎后通过皮带输送机输送至热电装置处理。由煤液化装置的液态油渣通过管道进入油渣成型装置。其中一部分直接进入油渣成型机，剩余部分作为大循环回流返回煤液化装置。正常工况下液态油渣通过机头加料装置均匀落入钢带表面，钢带背面喷洒循环水，间接冷却油渣。在钢带的运行过程中，油渣逐渐固化片状，经装置尾部的破碎装置将其破碎为不规则片状，通过裤衩管落入皮带输送机，皮带输送机将片状固体油渣送至界区外的热电装置用于同煤粉掺烧发电。

3.2.2 间接液化法

煤炭间接液化是首先将煤通过气化制成原料气，然后经过净化、变换获得合成气，合成气通过合成反应转化油品的方法。典型的煤炭间接液化工艺包括煤气化（煤气净化、变换和脱碳）、费托、合成、油品加工 3 个“串联”过程，如图 3-9 所示。

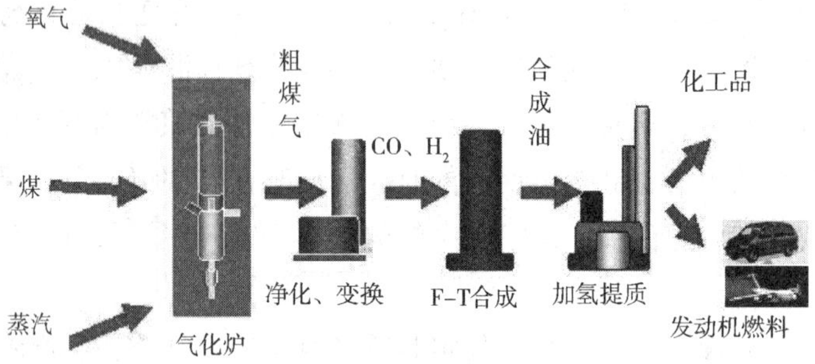

图 3-9 典型的煤炭间接液化工艺

由煤气化装置产出的粗煤气经除尘、冷却得到净煤气，净煤气经 CO 宽温耐硫变换和酸性气体（包括 H_2S 和 CO_2 等）脱除，得到成分合格的合成气。合成气进入合成反应器，在一定温度、压力及催化剂作用下，H_2 和 CO 转化为直链烃类（H_2/CO 在 0.8 ~ 2.0 之间）、水以及少量的含氧有机化合物。生成物经三相分离，水相去提取醇、酮、醛等化学品；油相采用常规石油炼制手段（如常减压蒸馏），根据需要切割出产品馏分，经进一步加工（如加氢精制、临氢 降凝、催化重整、加氢裂化等工艺）得到合格的油品或中间产品；气相经冷冻分离及烯烃转化处理得到 LPG、聚合级丙烯、聚合级乙烯及中热值燃料气。

我国煤基费托合成技术的开发起步晚，以中科院山西煤化所开发的低温浆态床费托合成技术建设的神华内蒙鄂尔多斯、山西潞安、内蒙伊泰 3 个 160 ~ 180kt/a 示范工程的建设均已建成投运。

3.2.2.1 间接液化制汽油典型工艺介绍

以某间接液化工艺为例，其主要包括固体物料输送单元、煤粉制备装置、煤气化制备装置、煤液化装置、脱硫装置、甲醇合成装置、甲醇精馏装置、油品合成等装置。

（1）煤制油原理方框图

煤制油原理方框图见图 3-10。

（2）煤制油的主要步骤和化学反应式

①煤气化。块煤从炉顶部的加煤装置被送入炉内，并且自上而下地缓缓移动，经过干燥、干馏、气化，完成全部反应过程之后，形成炉渣从炉底排出。由空气和水蒸气所组成的气化剂，从炉底炉篦进入炉内，自下而上地逆流，并且均匀分布于各反应层之间，进行热交换和一系列化学反应，所产生的煤气，从顶部煤气出口排出。

（a）以空气作为气化剂的气化反应。空气从炉底经过，经灰渣层预热后到达氧化层，此时气体中的氧与炽热的炭接触，发生如下反应：

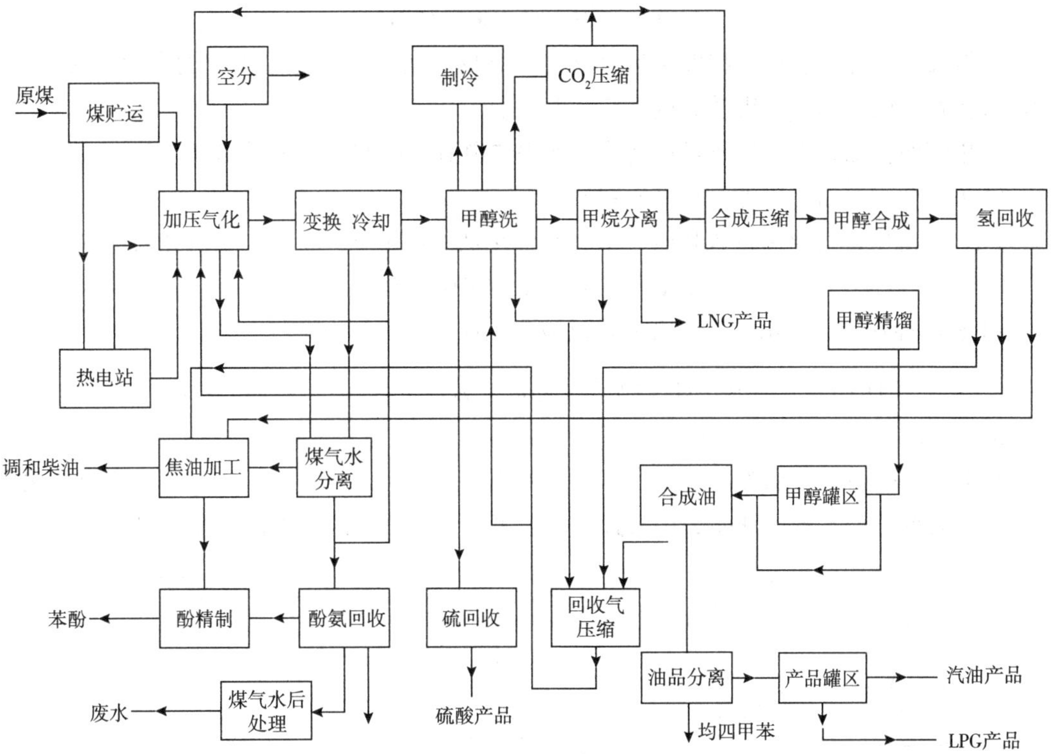

图 3-10　煤化工工艺流程及产品方框图

$$C + O_2 = CO_2$$

气体上升，到达还原层，气体中的 CO_2 与碳发生化学反应：

$$C + CO_2 = 2CO$$

（b）以蒸汽为气化剂的气化反应。水蒸气与碳的气化反应，主要是灼热的炭将氢从水中还原出来，主要发生如下反应：

$$C + H_2O = CO + H_2$$

$$C + H_2O = CO_2 + H_2$$

$$C + CO_2 = 2CO$$

（c）通过气化层上升的煤气流进入干馏层。干馏层是带干馏段煤气炉极具特色的反应区段。进入干馏层的载热气体，温度约在 700℃以下。在此区段基本上不再产生上述的小分子间的气化反应，而是进行煤的低温干馏，生成热值较高的干馏煤气、低温干馏焦油和半焦，干馏煤气和雾状焦油同气化段产生的贫煤气一起从煤气炉的顶部出口引出。生成的半焦下移到气化段后进行还原与氧化反应。

②煤气合成甲醇。高温、高压和催化剂作用下，发生如下合成反应：

$$CO + 2H_2 = CH_3OH;$$

当 CO_2 存在时，

$$CO_2 + H_2 = CH_3OH + H_2O$$

$$CO_2 + H_2 \xlongequal{} CO + H_2O$$

控制反应的温度、压力和催化剂对于抑制副反应的发生，提高甲醇的产率至关重要，大部分企业一般使用铜铬铝系或铜铬锌系催化剂。

③甲醇的精馏。粗甲醇要经过精馏，除去二甲醚、甲酸甲酯等低沸点杂质。

④甲醇合成汽油（甲醇制烃基燃料）

（a）液态甲醇气化后进入醇醚化塔，在催化剂的作用下，生成二甲醚和水蒸气：

$$2CH_3OH \xlongequal{} CH_3OCH_3 + H_2O$$

（b）经催化剂进行第二次缩合脱水反应，生成烃化物和水蒸气：

$$CH_3OCH_3 \xrightarrow{催化剂} 烃类物质（烯烃、芳烃、异构烷烃等） + H_2O$$

3.2.2.2　间接液化制柴油典型工艺介绍

以某厂间接液化柴油为例，其生产工艺主要包括：空分装置、气化装置、变换净化装置、费托合成反应装置，油品加工装置等生产单元。煤间接液化工艺流程见图3-11。

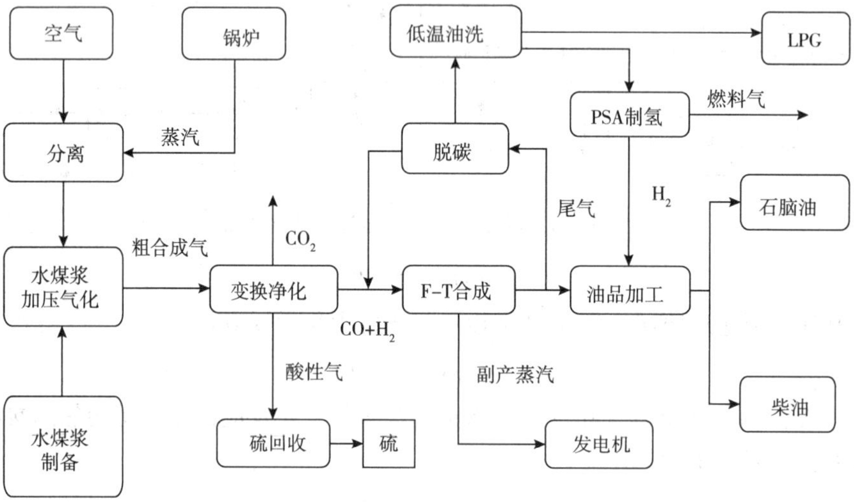

图3-11　煤间接液化工艺流程

（1）空气分离装置

空气经过滤后，进入空冷塔进行双级冷却、洗涤，去除大量溶于水的化学物质（如 SO_2、HCN、NH_3）后进一步净化。通过精馏、分离方法制出纯氧气和纯氮气。

（2）气化装置

主要包括以下系统：

①煤浆制备系统。煤、制浆水和添加剂一同送入磨机中磨制成水煤浆。水煤浆经滚动筛滤去除大颗粒物质送至煤浆槽。通过搅拌器搅拌使煤浆始终处于均匀悬浮状态。

②水煤浆气化系统。水煤浆和氧气充分混合雾化后进入气化炉的燃烧室中进行气化反应。生成以CO和 H_2 为有效成分的粗合成气，再经过均匀分布激冷水的激冷环沿下降管进入激冷室的水浴中。

③合成气洗涤系统。从激冷室产生饱和水蒸汽的合成气进入洗涤器，与激冷水泵送出的黑水混合，使粗合成气夹带的固体颗粒完全湿润，以便在碳洗塔内能快速除去。

④渣水处理系统。气化炉激冷室的黑水经减压阀减压后进入气化高温热水器，碳洗塔的黑水经减压阀减压后进入高温热水器，气化高温热水器底部出来的黑水经液位调节阀减压后，进入真空闪蒸罐，高温热水器底部黑水经液位调节阀减压后进入真空闪蒸罐进一步闪蒸，浓缩的黑水经沉降槽给料泵送入沉降槽。真空闪蒸罐顶部的闪蒸汽经空冷器冷凝后的液体进入真空闪蒸分离罐，冷凝液经液位调节阀进入灰水槽循环使用，顶部闪蒸汽用水环式真空泵抽取保持真空度后排入大气。

（3）净化装置

原料气的预冷来自变换单元的变换气经过原料气/净化气换热和净化气换热，经原料气深冷气，用4℃等级的液氨蒸发冷却，将原料气冷却至10℃左右进入氨洗涤塔，采用锅炉给水洗涤原料气，分离后的气体通过硫化氢吸收塔和二氧化碳吸收塔洗掉硫化氢和二氧化碳；使净化气符合费托合成要求。

（4）费托合成装置

费托合成是间接液化的核心工艺。来自净化单元的原料气，与来自合成气–循环气一次换热器循环合成气混合后进入合成气进料蒸汽加热器，加热到230℃进入浆态床反应器。合成气以鼓泡的形式通过含有催化剂的浆液床层，进行费托合成反应。反应生成的轻质烃类化合物、合成水和未反应的合成气以气相形式从反应器的顶部导出，经过一系列反应和各种分离器分离后产出中间产品重质馏分油、轻质馏分油、重质蜡。

（5）油品加工装置

将重质馏分油、轻质馏分油、重质蜡加氢气，经过预精制、精制、裂化反应再经过分馏、脱碳、油洗等工艺生产出液化气、柴油、石脑油。

轻质馏分油、油洗石脑油、重质馏分油混合后再与从循环氢压缩机的循环氢、新氢压缩机的新氢混合后，进入混合油–精制反应产物换热器与精制反应生成物换热，进入加氢预精制反应器，在催化剂作用下进行加氢预精制反应。

重质蜡经升压后，与从加氢预精制反应器的反应产物混合，再与从循环氢压缩机的循环氢、新氢压缩机的新氢混合后，进入精制原料–精制反应产物换热器与精制反应生成物换热，然后进入精制反应进料加热炉加热到所需温度后进入加氢精制反应器，在催化剂作用下进行加氢精制反应，将原料油中的烯烃饱和，并脱出原料油中的金属杂质。

3.2.3　煤制车用汽油（Ⅳ）的与石油炼制车用汽油（Ⅳ）的区别

3.2.3.1　理化指标的区别

煤制车用汽油（Ⅳ）（以下简称煤制汽油）与石油炼制车用汽油（Ⅳ）（以下简称石化汽油）在理化指标上的主要区别如下：

①煤制汽油的硫含量较低。

②煤制汽油初馏点至终馏点的蒸发温度范围相对较窄，尤其是165℃以后的组分相对较少；两者对比，煤制油170～200℃范围的高馏分组分不足，低馏分组分相对较多，因此，煤制汽油具有更强的蒸发性，油耗较大。

③煤制汽油的烯烃含量低于石化汽油，但芳烃含量高于石化汽油。

表3-4为典型的93号（Ⅳ）石油炼制车用汽油与煤制车用汽油（Ⅳ）的理化指标。

表3-4　典型的93号（Ⅳ）石油炼制车用汽油与煤制车用汽油（Ⅳ）理化指标

序号	检测项目	93号车用汽油（石油炼制）		93号车用汽油（煤制油）	
		1号样品	2号样品	3号样品	4号样品
1	研究法辛烷值（RON）	94.0	94.5	93.6	93.5
2	硫含量/（mg/kg）	32	28	4.7	4.6
3	馏程				
	10%蒸发温度/℃	56.0	58.4	51.6	50.9
	50%蒸发温度/℃	103.5	106.1	101.2	101.5
	90%蒸发温度/℃	165.9	167.4	152.2	156.2
	终馏点/℃	199.7	202.9	167.6	177.4
	残留量（体）/%	0.9	0.8	1.0	0.8
4	未洗胶质含量（加入清净剂前）/（mg/100mL）	1.5	2.0	0.5	3.0
	溶剂洗胶质含量/（mg/100mL）	1.5（未洗）	2.0（未洗）	0.5（未洗）	3.0（未洗）
5	铁含量/（g/L）　小于	0.002	0.002	0.002	0.002
6	锰含量/（g/L）	0.0043	0.0063	0.00025	0.0071
7	铅含量/（g/L）　小于	0.0025	0.0025	0.0025	0.0025
8	硫醇（满足下列要求之一，即判断为合格）： 博士试验 硫醇硫含量/%	通过	通过	通过	通过
9	水溶性酸或碱	无	无	无	无
10	铜片腐蚀（50℃，3h）/级	1a	1a	1a	1a
11	诱导期/min　大于	480	480	480	480
12	苯含量/%（体积分数）	0.60	0.52	0.53	0.51
13	甲醇含量/%（质量分数）　小于	0.1	0.1	0.1	0.1
14	氧含量/%（质量分数）	0.7	0.37	0.0	0.0
15	芳烃含量/%（体积分数）	30.8	28.7	34.4	34.4

续表

序号	检 测 项 目	93 号车用汽油（石油炼制）		93 号车用汽油（煤制油）	
		1 号样品	2 号样品	3 号样品	4 号样品
16	烯烃含量/%（体积分数）	15.6	10.8	3.0	3.4
17	蒸气压/kPa 5 月 1 日～10 月 31 日　40～68	60.50	58.0	65.75	64.25
18	机械杂质及水分	无	无	无	无
19	抗爆指数	89.0	89.8	88.0	88.2

3.2.3.2　PONA 组分的区别

PONA 分析是一种利用色谱分析的方法，对燃料中的 P－烷烃（paraffin hydrocarbon），O－烯烃（olefin），N－环烷烃（naphthenic hydrocarbon），A－芳烃（aromatic hydrocarbon），进行组分组成分析的一种方法。各烃类化合物抗爆性能优劣排序是：芳香烃＞异构烷烃和异构烯烃＞正构烯烃和环烷烃＞正构烷烃，通过 PONA 分析，可以分析油品的烃类组成并分析和判断油品抗爆性能和油品的氧化安定性能。

（1）石化汽油与煤制汽油的 PONA 数据对比

石化汽油与煤制汽油的 PONA 数据对比见表 3-5。

表 3-5　93 号石油炼制汽油（Ⅳ）与煤制汽油（Ⅳ）PONA 分析　单位：%（质量分数）

C 数	正构烷烃（n－p）		异构烷烃（i－p）		烯烃（O）		环烷烃（N）		芳烃（A）		C 合计	
	石化油	煤制油	石化油	煤制油	石化油	煤制油	石化油	煤制油	石化油	煤制油	石化油	煤制油
C_2	0	0	0	0	0	0	0	0	0	0	0	0
C_3	0.02	0.09	0	0	0	0	0	0	0	0	0.02	0.09
C_4	0.68	1.64	0.14	0.75	0.71	0.13	0	0	0	0	1.53	2.52
C_5	2.09	2.81	8.89	12.54	5.21	1.15	0	0.32	0	0	16.19	16.82
C_6	1.18	1.12	7.32	13.82	3.76	0.93	0.55	1.57	0.55	0.46	14.55	17.9
C_7	0.92	0.39	3.49	7.36	2.56	0.96	5.05	2.67	5.05	4.46	14.61	15.84
C_8	0.67	0.08	3.91	3.46	1.63	2	10.81	1.84	10.81	16.34	18.24	23.72
C_9	0.35	0.06	2.31	1.09	1.03	1.19	9.84	0.68	9.84	16.5	14.07	19.52
C_{10}	0.27	0	1.31	0.41	0.44	0.34	4.5	0.06	4.5	2.39	6.67	3.2
C_{11}	0.19	0	1.41	0.21	0.16	0.05	1.09	0	1.09	0.05	2.88	0.31
C_{12}	0.06	0	0.61	0	0	0	0	0	0	0	0.67	0
合计	6.43	6.19	29.39	39.64	15.5	6.75	31.84	7.14	31.84	40.2	89.43	99.92

注：石化油 C 合计 89.43%，未包含 MTBE 峰 10.11%。

从表 3-5 可以看出：

①煤制汽油的异构烷烃组分高于石化汽油，有助于提高煤制汽油的抗爆性能；

②煤制汽油的烯烃组分低于石化汽油，但环烷烃组分却远远高于石化汽油，这有助于

提高煤制汽油的氧化安定性，但对抗爆性能的贡献却不大；

③煤制汽油的芳烃含量高于石化汽油，有助于提高煤制汽油的抗爆性能。

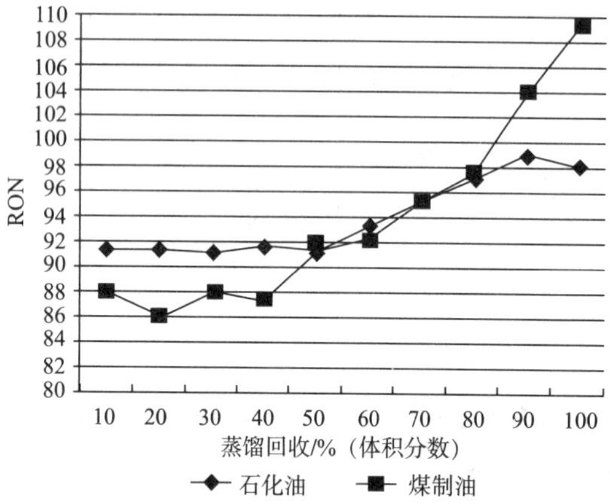

图 3-12　煤制汽油与石化汽油 RON 分布

（2）不同蒸馏组分下的辛烷值对比分析

将煤制汽油和石化汽油用蒸馏方式切割为多个组分，分别测定其辛烷值，见图 3-12。

0～50%以下的蒸馏组分中，石化汽油的研究法辛烷值高于煤制汽油；50%～85%的蒸馏组分中，两种油品的辛烷值基本相同，85%至终馏点这部分组分中，煤制汽油的辛烷值比石化汽油的辛烷值高。

3.2.3.3　煤制汽油应用体验案例

为了解煤制汽油在实际应用中的表现，某公司组织了 7 辆排量 1.3～2.4L 不同品牌汽车，分别对全部纯煤制汽油、煤制汽油与石化汽油 1∶1 混合油品进行实际驾车体验，具体情况如下：

（1）车辆启动性体验

无论是冷启动还是热启动，测试人员一致认为煤制汽油或混合汽油的点火和启动都是正常的。

①车辆启动时，启动引擎，车辆保持怠速，听发动机的声音无异常；给油和回油车身不抖动；

②50km 内行车情况，踩油门或放油门的过程中车辆运行平稳，跟车时车身无抖动现象；

③50～150km 内行车情况，停车后热启动后车身无抖动情况；

④150～300km 内行车情况，踩油门或放油门的过程中车辆运行平稳，跟车时无车身抖动现象，停车后热启动后车身不抖动；

⑤300～500km 内行车情况，停车后热启动后车身无抖动情况，停车后冷启动后车身不抖动，行驶中无车身抖动或不来油的情况，发动机声音正常。

（2）高速公路驾驶体验

测试人员一致认为在平坦的高速公路上，煤制汽油或混合汽油提速正常。

（3）山路爬坡驾驶体验

在盘山公路上行驶，5 辆车无异常体验，2 辆车提速变慢。

（4）油耗

4 辆车油耗增加，3 辆车油耗不变。

表 3-6 为煤制油行车体验情况记录。

表 3-6　煤制油行车体验情况记录

车辆品牌	别克	现代	现代	荣威	长城炫丽	大众	长安
车型	君越 2006	伊兰特	雅绅特	350S	炫丽	波罗	奔奔
排量/L	2. 4	1. 6	1. 4	1. 5	1. 3	1. 6	1. 3
档位	手自一体	手动	手动	手动	手动	手动	手动
试验里程		253	170	211	100	234	350
原百公里油耗/（L/100km）	8	6. 56	5. 6	6. 1			
本次试验百公里油耗/（L/100km）	8. 3	6. 64	5. 7	6. 12			
油耗变化/%	3. 75%	1. 22%	1. 79%	0. 33%	无	无	无
一、试验准备							
1. 是否将油箱内的油品放干	是	是	否	否	否	否	是
混合比例煤制油：车用汽油			1 : 1	1 : 1	1 : 1	3 : 1	
二、车辆启动							
2. 启动引擎，车辆保持怠速，听发动机的声音是否有异常	否	否	否	否	否	否	否
3. 给油和回油车身是否抖动	否	否	否	否	否	否	否
三、50km 内行车情况							
4. 踩油门或放油门的过程中车辆运行是否平稳	是	是	是	是	是	是	是
5. 跟车时是否有车身抖动现象	否	否	否	否	否	否	否
四、50 ~ 150km 内行车情况							
6. 超车是否正常	否	是	否	是	是	是	是
7. 停车后热启动后车身是否有抖动情况	否	否	否	否	否	否	否
五、150 ~ 300km 内行车情况							
8. 踩油门或放油门的过程中车辆运行是否平稳	是	是	是	是		是	是
9. 跟车时是否有车身抖动现象	否	否	否	否		否	否

续表

车辆品牌	别克	现代	现代	荣威	长城炫丽	大众	长安
10. 超车是否正常	否	是	否	是		是	是
11. 停车后热启动后车身是否有抖动情况	否	否	否	否		否	否
六、300~500km 内行车情况							
12. 超车是否正常	否						是
13. 停车后热启动后车身是否有抖动情况	否						否
14. 停车后冷启动后车身是否有抖动情况	否						否
15. 行驶中是否有车身抖动或不来油的情况	否						否
16. 发动机声音是否正常	是						是

（5）应用体验小结

煤制汽油在冷启动、低速和高速行驶、高速公路提速时与石化汽油没有区别，证明油品的蒸发性能、冷启动性能、加速性能和抗爆性能良好；但 4 辆体验车的油耗均略微增加，即油耗增加的概率为 57.1%，煤制汽油高馏分组分不足，低馏分组分相对较多，具有更强的蒸发性，油耗较大。此外在低速、盘山公路行驶中提速时，有 2 辆车提速变慢，虽然概率仅为 28.6%，但也说明煤制油在低速、高负荷、高扭矩情况下加油，存在辛烷值略微偏低倾向。因此，如以石油炼制汽油与煤制汽油按 2∶1 的比例进行混合使用，应可取到优势互补的作用。

3.2.4 直接液化柴油与石油炼制柴油的区别

3.2.4.1 产品标准

国内柴油产品执行的所有标准均是针对以石油为原料制取的柴油产品制定的。煤制柴油作为国家新型能源战略替代产品，但该产品标准制定相对滞后，2016 年 1 月内蒙古自治区发布了车用煤直接液化柴油地方标准（见表 3-7），填补内蒙古地方标准和国内暂无煤制车用柴油标准的空白。

北京市发布的车用柴油地标 DB11/239—2016 标准中，适用范围中修改为“本标准适用于压燃式柴油发动机汽车使用的、由石油制取、煤制取或加有改善使用性能添加剂的车用柴油，也适用于以生物柴油作为调和组分的 B5 车用柴油”，增加了适用于煤制取的车用柴油条款。

表 3-7　煤直接液化柴油标准

产品名称	标准号	发布单位	发布日期	实施日期	适用范围
直接液化柴油组分油	GB/T 31090—2014	国家质量监督检验检疫总局、标准化管理委员会	2014-12-22	2015-06-01	适用于煤炭直接液化工艺生产的柴油组分油
车用煤直接液化柴油	DB15/T 959—2016	内蒙古自治区质量技术监督局	2016-01-15	2016-04-15	适用于以煤炭为原料，采用直接液化工艺生产或加有改善使用性能添加剂的、用于压燃式发动机的柴油

3.2.4.2　理化指标区别

车用煤直接液化柴油与石油炼制车用柴油（简称车用柴油）在指标上的主要区别如下：

①车用煤直接液化柴油的硫含量、多环芳烃、运动黏度、凝点、冷滤点、氧化安全性指标低于车用柴油，密度略高于车用柴油。

②车用煤直接液化柴油的馏程宽度窄。直接煤制柴油的初馏点一般在 150~160℃，50% 回收温度一般在 210~230℃，90% 回收温度一般在 240~270℃，95% 回收温度一般在 250~280℃，馏程宽度一般在 50℃左右。

③车用煤直接液化柴油标准中未规定油品的十六烷指数指标要求，车用柴油标准分别规定了 0 号、-35 号车用柴油十六烷指数的最低数值。

表 3-8 为车用煤直接液化柴油指标（DB15/T 959—2016），表 3-9 为典型的 0 号车用柴油（V）与直接液化柴油的理化指标。

表 3-8　车用煤直接液化柴油（DB15/T 959—2016）

项　目	柴油		试验方法
	0	-3.5	
氧化安定性 总不溶物/（mg/100mL）　不大于	2.5		SH/T 0175
硫含量/（mg/kg）　不大于	8		GB/T 0689
酸度/（mgKOH/100mL）　不大于	5		GB/T 258
10% 蒸余残留物/%（质量分数）　不大于	0.1		GB/T 268
灰分/%（质量分数）　不大于	0.01		GB/T 508
铜片腐蚀（50℃，3h）/级　不大于	1		GB/T 5096
水分/%（体积分数）　不大于	痕迹		GB/T 260

续表

项　目	柴油		试验方法
	0	-3.5	
机械杂质	无		GB/T 511
润滑性：校正磨痕直径（60℃）/μm　不大于	460		SH/T 0765
多环芳烃含量/%　不大于	2		SH/T 0606
运动黏度（20℃）/（mm^2/s）	2.2～2.6		GB/T 265
凝点/℃　不高于	0	-35	GB/T 510
冷滤点/℃　不高于	4	-29	SH/T 0248
闪点（闭口）/℃　不低于	55	45	GB/T 261
着火性十六烷值　不小于	46	45	GB/T 386
馏程			
50%回收温度/℃　不高于	230		GB/T 6536
90%回收温度/℃　不高于	270		
95%回收温度/℃　不高于	280		
密度（20℃）/（kg/m^3）	836～850		GB/T 1884 GB/T 1885
脂肪酸甲酯/%（体积分数）　不大于	0.1		GB/T 23801

表3-9　典型的0号车用柴油（V）与直接液化柴油理化指标

项 目	0号车用柴油（V）		0号车用煤直接液化柴油	
	1号样品	2号样品	3号样品	4号样品
氧化安定性 总不溶物/（mg/100mL）	0.5	0.5	<0.5	<0.5
硫含量/（mg/kg）	3.5	4.0	1.8	1.6
酸度/（mgKOH/100mL）	3.55	2.56	2.532	3.39
10%蒸余残留物/%（质量分数）	0.03	0.02	0.013	0.011
灰分/%（质量分数）	0.003	0.002	0.001	0.001
铜片腐蚀（50℃，3h）/级	1a	1a	1a	1a
水分/%（体积分数）	痕迹	痕迹	痕迹	痕迹
机械杂质	无	无	无	无
润滑性 校正磨痕直径（60℃）/μm	395	378	400	412

续表

项 目	0 号车用柴油（V）		0 号车用煤直接液化柴油	
	1 号样品	2 号样品	3 号样品	4 号样品
多环芳烃含量/%（质量分数）	2.0	1.5	0.3	0.1
运动黏度（20℃）/（mm^2/s）	3.588	3.664	2.684	2.231
凝点/℃	-12	-11	低于 -45	低于 -45
冷滤点/℃	-8	-7	-45	-48
闪点（闭口）/℃	63	67	56	51
十六烷值	58.1	54.2	46.1	46.2
十六烷指数	58.4	54.8	33.2	31.1
馏程				
50%回收温度/℃	314.0	332.5	255.5	244.5
90%回收温度/℃	314.0	332.5	255.5	244.5
95%回收温度/℃	327.5	348.0	267.0	254.5
密度（20℃）/（kg/m^3）	810.9	835.6	849.0	844.6
脂肪酸甲酯/%（体积分数）	0.1	0.1	未检出	未检出

3.2.5　间接液化柴油与石油炼制柴油产品的区别

2013 年 9 月，国家质量监督检验检疫总局、标准化管理委员会发布了煤基费托合成柴油组分油标准 GB/T 29720—2013，2014 年 1 月 1 日实施。适用于煤炭间接液化费托合成工艺生产的柴油组分油。目前，间接液化柴油产品暂未制定国家标准及地方标准。

煤基费托合成柴油组分油与石油炼制车用柴油（简称车用柴油）在指标上的主要区别如下：

①煤基费托合成柴油组分油的氧化安定性、多环芳烃、运动黏度、密度指标低于车用柴油。

②煤基费托合成柴油组分油十六烷值较高，润滑性略差，指标高于车用柴油。

③煤基费托合成柴油组分油标准中未规定油品的十六烷指数、脂肪酸甲酯指标要求，车用柴油标准分别规定了脂肪酸甲酯及各牌号车用柴油十六烷指数的最低数值。

表 3-10 为煤基费托合成柴油组分油（GB/T 29720—2013）指标。表 3-11 为典型的 0 号车用柴油（V）与煤基费托合成柴油组分油理化指标。

表 3-10　煤基费托合成柴油组分油（GB/T 29720—2013）

项　目	柴油					试验方法
	5	0	-10	-20	-35	
色度/号	≤1.5					GB/T 6540
氧化安定性 总不溶物/（mg/100mL）	≤1.0					SH/T 0175
硫含量/（mg/kg）	Ⅰ级≤5.0 Ⅱ级 5.1～8.0					GB/T 0689
酸度/（mgKOH/100mL）	≤7					GB/T 258
10%蒸余残留物/% （质量分数）	≤0.1					GB/T 268
灰分/%（质量分数）	≤0.01					GB/T 508
铜片腐蚀（50℃，3h）/级	≤1					GB/T 5096
水分/%（体积分数）	≤痕迹					GB/T 260
机械杂质	无					GB/T 511
润滑性 校正磨痕直径（60℃）/μm	≤680					SH/T0 765
多环芳烃含量/%（质量分数）	≤1					SH/T 0606
运动黏度（20℃）/（mm^2/s）	1.8～8.0				1.2～7.0	GB/T 265
凝点/℃	≤5	≤0	≤-10	≤-20	≤-35	GB/T 510
冷滤点/℃	—					SH/T 0248
闪点（闭口）/℃	≥55			≥50	≥45	GB/T 261
十六烷值	≥60			GB/T 386		
馏程						
50%回收温度/℃	≤300					GB/T 6536
90%回收温度/℃	≤355					
95%回收温度/℃	≤365					
密度（20℃）/（kg/m^3）	≥750					GB/T 1884 GB/T 1885

表 3-11　典型的 0 号车用柴油（Ⅴ）与煤基费托合成柴油组分油理化指标

项　目	0 号车用柴油（Ⅴ）		煤基费托合成柴油组分油	
	1 号样品	2 号样品	3 号样品	4 号样品
色度/号	0.5	1.0	0	0
氧化安定性 总不溶物/（mg/100mL）	0.5	0.5	<0.5	<0.5

续表

项　目	0 号车用柴油（V）		煤基费托合成柴油组分油	
	1 号样品	2 号样品	3 号样品	4 号样品
硫含量/（mg/kg）	5	7	3	5
酸度/（mgKOH/100mL）	2.21	2.84	0.241	0.260
10%蒸余残留物/%（质量分数）	0.01	0.02	0.01	0.01
灰分/%（质量分数）	0.002	0.003	0.00	0.00
铜片腐蚀（50℃，3h）/级	1a	1a	1a	1a
水分/%（体积分数）	痕迹	痕迹	痕迹	痕迹
机械杂质	无	无	无	无
润滑性：校正磨痕直径（60℃）/μm	365	372	588	595
多环芳烃含量/%（质量分数）	1.5	1.0	0.3	0.2
运动黏度（20℃）/（mm^2/s）	3.781	3.565	2.028	2.865
凝点/℃	-13	-15	-22	-10
冷滤点/℃	-9	-12	-17	-6
闪点（闭口）/℃	68	59	57	58.5
十六烷值	55.1	56.2	>70	>70
十六烷指数	55.3	55.9	65.0	72.6
馏程				
50%回收温度/℃	261.0	258.5	214.0	238.0
90%回收温度/℃	318.0	325.5	281.5	304.5
95%回收温度/℃	335.0	339.0	292.0	320.5
密度（20℃）/（kg/m^3）	821.9	825.6	761.0	762.0
脂肪酸甲酯/%（体积分数）	0.1	0.1	未检出	未检出

3.2.6　煤直接、间接液化柴油产品主要性能特点

（1）良好的环保性

直接液化柴油在生产过程中采取了三次加氢工艺，使油品中的硫、氧、氮等有害杂质转变为相应的硫化氢、水、氨而除去，并使烯烃和二烯烃加氢饱和、芳烃部分加氢饱和，使得油品的硫含量一般在 2mg/kg 以下，多环芳烃含量也在 2% 以下。与石油炼制柴油相比，产品具有低硫、低氮、低芳烃等特点，是较为环保的液体燃料。间接液化柴油在生产过程中采用费托合成、加氢等工艺，与石油炼制油品相比，产品不含硫、氮、磷以及重金属离子，多环芳烃含量低于 1%（质量分数），也是较为环保的清洁液体燃料。

燃用煤直接液化柴油，在常规排放特性方面与国Ⅳ车用柴油相比，HC、CO 和 NO_x 排放在低负荷时高于国Ⅳ车用柴油，中高负荷时 CO 和 NO_x 排放与国Ⅳ车用柴油差别不大，HC 排放略低于国Ⅳ车用柴油。燃用煤间接液化柴油，在常规排放特性方面与车国Ⅳ用柴油相比，HC、CO、NO_x、碳烟排放均有所降低。

（2）良好的安定性

煤直接、间接液化柴油通过深度加氢后，脱除油品中的硫、氮等非理想组分、烯烃饱和，并脱除油品中的金属杂质，从而使油品品质大大提升，柴油氧化安定性好于石油炼制柴油指标，残炭含量在0.01%（质量分数）以下，同时，煤制柴油中胶质含量极低，不易被氧化，外观无色澄清透明，发动机不易产生积炭。柴油的性质稳定，密度、馏程等不随储存时间的变化而发生改变，与石油炼制柴油调和后，其安定性可得到一定改善。

（3）良好的低温流动性

煤直接液化柴油环烷烃含量高，具有低凝点的特点，生产柴油凝点能达到 -50℃以下，达到 -50 号柴油的质量指标，能够满足高寒地区的使用要求。煤间接液化柴油其直链烷烃含量高，相比直接液化柴油，凝点偏高。

（4）其他特性

煤直接液化柴油由链烷烃、环烷烃和芳烃组成，主要由环烷烃组成，密度较大，十六烷值、十六烷指数偏低，为改善柴油的燃烧性，在生产过程中需加入一定量的十六烷值改进剂。由于环烷烃的极性低，且油品中的重质组分少，导致油品馏程温度相对较低。

煤间接液化柴油主要由直链饱和烃和异构饱和烃组成，密度偏小，其直链烷烃多，十六烷值较高。

煤直接、间接液化在生产过程中采用加氢工艺，许多润滑性较好的含硫、含氮和羧酸烃化合物被加氢脱除，导致润滑性下降。为改善柴油的润滑性能，需加入一定量的润滑性改进性。

3.2.7 对柴油机燃用煤制柴油的性能和排放的研究

某研究中心在一台未经任何改动的高压共轨柴油机上，分别进行燃用间接液化煤制柴油、直接液化煤制柴油和二者两种不同掺混比例的混合油的外特性试验、ESC（欧洲稳态循环）试验和 ETC（欧洲瞬态循环）试验，考察了不同油品对发动机动力性、经济性和排放特性的影响。试验样品如下：

油样 1：100% 间接液化煤制柴油；

油样 2：70% 间接液化煤制柴油与 30% 直接液化煤制柴油；

油样 3：30% 间接液化煤制柴油与 70% 直接液化煤制柴油；

油样 4：100% 直接液化煤制柴油，添加 3000×10^{-6} 十六烷值改进剂。

试验结果表明：

①与直接液化煤制柴油相比，燃用间接液化煤制柴油时，发动机动力性有所恶化，但经济性更好；$N0_x$ 和 CO_2 的排放较低，而 PM 和 CO 的排放则明显降低；燃用两种燃油的

混合油时，发动机的各项性能介乎两者之间，趋势一致。

②随着油样中直接液化煤制柴油比例的提高，发动机动力性有所提高，经济性逐渐恶化。直接液化油样相比于间接液化油样，各试验转速下，全负荷功率平均增幅为 2.7%，燃油消耗率平均增幅为 5.8%。

③随着油样中直接液化煤制柴油比例的提高，NO_x 排放略有增大，同种油样下 ESC 试验结果普遍高于 ETC 试验；PM 排放基本呈线性增大的趋势，增幅较大；CO 排放明显增大，直接液化油样相比于间接液化油样，ESC 和 ETC 试验 CO 排放分别增大 1.3 倍和 3.7 倍；4 种油样 THC（碳氢化合物的总量）排放都基本为零，但温室气体 CO_2 排放呈现增大的趋势，直接液化油样相比于间接液化油样，ESC 和 ETC 试验 CO_2 排放增幅分别为 4.3% 和 5.1%。

3.2.8　煤制柴油使用注意事项

①直接液化煤制柴油十六烷值低，着火期滞后期要晚于石油炼制柴油，密度大、黏度低、重质馏分少，车辆虽可单独使用，但与石油炼制柴油相比，存在油耗增大，动力不足的情况，一些进口工程机械使用后存在运行不稳定的现象。

②间接液化煤制柴油十六烷值较高（约为 70 以上），因着火滞后期较短，直接使用会使油品的燃烧性能变差，发动机功率下降，油耗增加，在实际使用时建议调和使用。

③直接、间接煤制柴油与石油炼制柴油调和均有较好的相溶性，按一定比例调和后其油品的性能稳定，车辆使用后运行平稳。直接液化煤制柴油与石油炼制车用柴油调和时要重点关注十六烷值、十六烷指数、黏度、密度等指标，间接液化煤制柴油调和时重点关注油品的十六烷值、十六烷指数、密度、润滑性等指标。

④直接液化煤制柴油经过加氢精制和加氢改质后，柴油馏分主要由环烷烃组成，芳烃和链烷烃含量很低，根据国家标准 GB/T 11139、行业标准 SH/T 0694 的适用范围，两种计算方法均不适用于煤生产的馏分燃料，导致计算的十六烷指数与实测十六烷值差异较大。

第4章　我国汽柴油产品质量标准的发展及与国外标准的对照

4.1　国内汽柴油质量标准

从20世纪70年代开始，我国的汽油标准从66号、70号起步，1985年开始升级到80号和85号，90号、93号含铅汽油。1997年，北京市率先淘汰了所有含铅汽油，开始全部销售车用无铅汽油。2000年开始高标准清洁汽油供北京市场，2003年7月，北京、上海和广州三大城市的车用汽油全部实现了清洁化。

国内车用汽柴油的标准变更有两个特点：一是发展速度由慢到快，二是标准的发展地方先行，地方标准变更速度早于国家标准。

1999年12月，国家质量技术监督局发布GB 17930—1999《车用无铅汽油》国家标准。标准中对汽油的硫含量、烯烃含量、芳烃含量、苯含量等提出了限值，标志着汽柴油的快速升级拉开序幕。国Ⅲ车用汽油排放标准于2006年开始实施，2014年1月全国实施国Ⅳ排放标准，2015年车用汽油排放标准更新至国Ⅴ，2016年1月1日，东部11省市汽柴油全部实施国Ⅴ排放标准，全国于2017年1月1日实施国Ⅴ排放标准。

因城市严苛的环保要求，以北京为代表的大城市陆续发布并实施了车用汽油的地方标准。2004年5月，北京市发布了《车用汽油》（DB11/238—2004）地方标准，对硫含量、烯烃含量、芳烃含量和苯含量等提出了更为严格的限值，排放标准符合欧Ⅱ、欧Ⅲ标准。2008年、2012年，北京又陆续实施了京Ⅳ标准和京Ⅴ标准，远远早于同档次国家标准的实施日期。上海、广东等发达地区也陆续出台了本地区的地方标准，升级的时间稍晚于北京。各地方标准的指标要求和北京地方标准基本相同。2017年1月1日，北京开始实施京Ⅵ排放标准。主要有两方面的改变：一是提高使用性能，二是环保改进。

从使用性能说，京Ⅵ排放标准有三个改变：一是明确限制了甲缩醛等对汽车和环境有影响的添加物，京Ⅴ排放标准规定的的不够具体；二是改进了汽油的汽化性能，50%的蒸发温度由不高于120℃降为不高于110℃，汽车提速更快；三是改进了汽油的挥发性能，以前的标准只规定了冬季和夏季两个气候条件下的蒸气压，新标准规定了春夏秋冬4个季节的蒸气压限值。既保证了汽车的启动性能，又避免了汽油过度挥发污染环境。

环保性能的改进，一是降低了汽油中烯烃和芳烃的含量，新标准规定烯烃含量不高于15%，芳烃含量不高于35%，有害组分含量大幅度下降；二是降低了苯含量的限值，由不大于1%下降为不大于0.8%。

车用汽油标准的变更一般是环保要求推动，最主要的特征是硫含量、烯烃含量、锰含量不断降低，见表4－1。2009年开始，车用汽油标准完善了与机动车使用性能有关的蒸气压控制指标，由单一的控制上限变更为结合气候变化的日期，控制蒸气压的范围。

车用汽油国Ⅴ阶段标准发布后，硫含量比国Ⅳ阶段要求降低了80%。因炼油工业上广泛采用的降低汽油中硫含量的工艺是加氢脱硫和吸附脱硫，这些工艺的实施均会在一定程度上造成汽油辛烷值的下降，地方和国家标准均调整了汽油牌号的设置，由原来93号、97号为代表的牌号设置改为92号、95号。

参照欧洲汽油标准，国Ⅴ汽油排放标准中牌号由93号、97号调整为92号、95号。

表4－1　国内车用汽油标准重要指标的发展

<table>
<tr><th>项　目</th><th>国Ⅲ</th><th>国Ⅳ</th><th>国Ⅴ</th><th>京Ⅳ</th><th>京Ⅴ</th><th>京Ⅵ</th></tr>
<tr><td>标准名</td><td>GB 17930—2006</td><td>GB 17930—2011</td><td>GB 17930—2013</td><td>DB 11/238—2007</td><td>DB 11/238—2012</td><td>DB 11/238—2016</td></tr>
<tr><td>研究法辛烷值（RON）　不小于</td><td>90/93/97</td><td>90/93/97</td><td>89/92/95/98</td><td>90/93/97</td><td>89/92/95</td><td>89/92/95</td></tr>
<tr><td>抗爆指数（RON＋MON）/2　不小于</td><td>85/88/报告</td><td>85/88/报告</td><td>84/87/90/93</td><td>85/88/报告</td><td>84/87/90</td><td>84/87/90</td></tr>
<tr><td>锰含量/（g/L）　不大于</td><td>0.016</td><td>0.008</td><td>0.002</td><td>0.006</td><td>0.002</td><td>0.002</td></tr>
<tr><td colspan="7">馏程</td></tr>
<tr><td>10%蒸发温度/℃　不大于</td><td colspan="5">70</td><td>70</td></tr>
<tr><td>50%蒸发温度/℃　不大于</td><td colspan="5">120</td><td>110</td></tr>
<tr><td>90%蒸发温度/℃　不大于</td><td colspan="5">190</td><td>190</td></tr>
<tr><td>终馏点/℃</td><td colspan="5">205</td><td>205</td></tr>
<tr><td>残留量/%（体积分数）</td><td colspan="5">2</td><td>2</td></tr>
<tr><td rowspan="2">蒸气压/ kPa</td><td>不大于88（11月～4月）</td><td rowspan="2">42～85（11月～04月）40～68（5月～10月）</td><td rowspan="2">45～85（11月～04月）/40～65（5月～10月）两广和海南全年执行40～65</td><td>不大于88（11月～4月）</td><td rowspan="2">45～85（－）/42～65（－）</td><td rowspan="2">3月16日～5月14日，45～70
5月15日～8月31日，42～62
9月1日～11月14日，45～75
11月15日～3月15日，47～80</td></tr>
<tr><td>不大于72（5月～10月）</td><td>不大于65（5月～10月）</td></tr>
<tr><td>硫含量/（mg/kg）　不大于</td><td>150</td><td>50</td><td>10</td><td>50</td><td>10</td><td>10</td></tr>
</table>

续表

项　目	国Ⅲ	国Ⅳ	国Ⅴ	京Ⅳ	京Ⅴ	京Ⅵ
烯烃含量/%（体积分数）　不大于	30	28	24	25	25	15
芳烃含量/%（体积分数）　不大于	40（烯烃和芳烃总量不变，可放大到42）	40（烯烃和芳烃总量不变，可放大到42）	40（烯烃和芳烃总量不变，可放大到42）	（芳烃＋烯烃）60	（芳烃＋烯烃）60	35

柴油标准分为车用柴油标准和普通柴油（2011 年前称之为轻柴油）标准。车用柴油用于装备压燃式发动机的汽车，普通柴油用于拖拉机、内燃机车、工程机械、内河船舶和发电机组等压燃式发动机。柴油标准的发布时间同车用汽油标准基本同步，但国家标准各阶段的实施要求相对落后于汽油标准，且各地执行效果也不尽相同。GB 19147—2013《车用柴油（Ⅴ）》中规定，国Ⅳ车用柴油于 2015 年 1 月 1 日开始在全国实施，国Ⅴ标准车用柴油将于 2018 年 1 月 1 日实施。普通柴油标准的实施日期一般晚于车用柴油标准。GB 252—2015《普通柴油》标准中规定，2017 年 7 月 1 日起，普通柴油硫含量不大于 50μg/g（相当于国Ⅳ标准），2018 年 1 月 1 日起，普通柴油硫含量不大于 10μg/g（相当于国Ⅴ标准）。

2015 年，国家发改委发布《加快成品油质量升级工作方案》，加快了柴油标准的升级步伐。方案要求，自 2016 年 1 月 1 日起，东部 11 省市车用柴油全部实施国Ⅴ标准，全国于 2017 年 1 月 1 日实施国Ⅴ车用柴油标准。2017 年 7 月 1 日，全国全面供应国Ⅳ标准普通柴油。2018 年 1 月 1 日起，全国供应与国Ⅴ标准车用柴油相同硫含量的普通柴油（国Ⅴ标准普通柴油）。

车用柴油标准的变更一般也是环保要求推动，最主要的特征是硫含量不断降低，见表 4－2。北京地方标准中的车用柴油十六烷值要求同欧洲标准完全一致，比相同档次的国家标准十六烷值要求略高，但第五阶段的十六烷值要求一致，均为不低于 51。京Ⅵ标准从使用性能、环保性能和安全指标方面进行了改进，使用性能方面，一是新标准规定要添加清净剂，可以起到抑制或清除发动机喷嘴结焦的作用，京Ⅴ标准没有规定；二是提高了密度的下限，新标准要求 820～845kg/m^3，原标准规定是 800～845 kg/m^3，缩小密度范围，一方面有利于减少发动机颗粒物的排放，另一方面提高密度的下限是保证汽车跑的更远。京Ⅵ柴油是全世界密度要求最高的车用柴油。环保方面，多环芳烃由不大于 11% 下降为不大于 7%；安全方面，柴油的闪点由不低于 55℃ 改为不高于 60℃。此外，京Ⅵ标准更加包容，可适用于煤制油和生物柴油。

表 4-2　国内车用柴油标准重要指标的发展

项　目	京Ⅳ	京Ⅴ	京Ⅵ	国Ⅲ	国Ⅳ	国Ⅴ
标准名	DB11/239-2007	DB 11/239—2012	DB 11/239—2016	GB 19147—2009	GB 19147—2013	GB 19147—2013
标号	5/0/- 10/-20/-35	5/0/- 10/-20/-35	5/0/- 10/-20/-35	5/0/- 10/-20/-35/-50	5/0/- 10/-20/-35/-50	5/0/- 10/-20/-35/-50
色度/号　不大于	3.5	3.5		3.5		
硫含量/(mg/kg)　不大于	50	10	10	350	50	10
酸度/(mg KOH/100mL)　不大于	7	7	7		7	7
十六烷值　不小于	51/49/47	51/49/47	51/49/47	49/46/45	49/46/45	51/49/47
十六烷指数　不小于	46	46	46	46/46/43	46/46/43	46/46/43
闪点/℃　不低于	55	55	60/55	55/45		
多环芳烃/%(体积分数)　不大于	11		7	11		
密度(20℃)/(kg/m^3)	820~845/800~840	800~845/790~840	820~845/800~840	810~850/790~840	810~850/790~840	810~850/790~840
脂肪酸甲酯/%(体积分数)　不大于		0.5		0.5	1	1

4.2　欧美汽柴油标准

欧美车用汽油的早期发展远比我国相同档次的标准发布和实施要早，如欧Ⅲ标准于1999年便发布实施了，当时我国的汽油标准还没有达到欧Ⅱ的水平，柴油标准的差距则更大一些，但目前我国已经大大缩小了与欧美的发展差距。

欧洲的汽油牌号设置为95号，牌号的设置与我国相同，均以研究法辛烷值的要求作为依据。美国则以抗爆指数来区分汽油的抗爆性能。如美国87号汽油的抗爆性能与我国92号汽油的相当，表4-3为欧美车用汽油标准主要指标的变迁情况。

表 4-3 欧美车用汽油标准重要指标的发展

项 目		欧Ⅳ	欧Ⅴ	欧Ⅵ	LEV Ⅲ
标准		EN 228/2004	EN 228/2008	EN 228/2013	Title 13（2012）
研究法辛烷值（RON）	不小于	95	95	95	—
MON	不小于	85	85	85	—
抗爆指数	不小于	—	—	—	87/89/91
蒸发温度 70℃时馏出/%（体积分数）		20-48	20-48	20-48	54.4~65.5①
蒸发温度 100℃时馏出/%（体积分数）		46-71	46-71	46-71	≮104②
蒸发温度 150℃时馏出/%（体积分数）		≮75	≮75	≮75	≮166③
蒸气压/kPa		45~60（夏季）	45~60（夏季）	45~60（夏季）	44~50
硫含量/（mg/kg）	不大于	50	10	10	20
苯含量/%（体积分数）	不大于	1	1	1	0.8（生产者，年均0.7）/1.1（销售者）
烯烃含量/%（体积分数）	不大于	18	18	18	6（生产者，年均4）10（销售者）
芳烃含量/%（体积分数）	不大于	42	35	35	25（生产者，年均22）35（销售者）

①、②、③分别为馏出体积 10%、50%、90%时的蒸发温度。

欧洲对硫含量的控制较严，对汽油的挥发性能有详尽的控制要求，表 4-3 只示例性地列出了夏季的蒸气压和馏程控制要求。从欧Ⅴ标准以后，对苯、烯烃、芳烃的控制没有变化。同欧Ⅴ标准相比，欧Ⅵ标准提出了从 2014 年 1 月起锰含量不超过 2g/L、2013 年 12 月之前不高于 6g/L 的限值，这是欧洲标准第一次提出对 MMT 的限制要求，另外欧Ⅵ标准增加了乙醇汽油的组成及相应的挥发性要求。美国低排放汽油则对苯、烯烃和芳烃有较严格的要求，尤其对生产者的要求更为严格。

欧洲柴油的主要指标变化不大，见表 4-4，对油品的挥发性能和冷凝特性规定较为详尽，欧Ⅵ阶段同样提出了锰含量的要求，美国低排放柴油则对多环芳烃提出了严格的限制，欧洲柴油标准的硫含量指标与同期的汽油标准完全一致。

表 4-4 欧美车用柴油标准主要指标的发展

指 标	欧Ⅳ	欧Ⅴ	欧Ⅵ	美 LEV Ⅱ
标准名	EN 590/2004	EN 590/2009	EN 590/2013	Title 17（2004）
250℃馏出/%（体积分数）	< 65	< 65	< 65	243~253①
350℃馏出/%（体积分数）	>85	>85	>85	288~321②
95%馏出温度/℃	≤360	≤360	≤360	
锰含量/（mg/L）			2	

续表

指　标	欧Ⅳ	欧Ⅴ	欧Ⅵ	美 LEV Ⅱ
多环芳烃含量/%（质量分数）　不大于	11	8	8	3.5
脂肪酸甲酯含量/%（体积分数）　不大于	5	7	7	
硫含量/（mg/kg）　不大于	50	10	10	15

①②分别为馏出体积50%和90%的馏出温度。

4.3　世界燃油规范

1998年6月在比利时布鲁塞尔举行的第3届世界燃料会议上，欧洲汽车制造商协会（ACEA）、汽车制造商联盟（Alliance）、日本汽车制造商协会（JAMA）和美国发动机制造商协会（AAMA）代表全球汽车行业联合发表了《世界燃油规范》（以下简称《规范》），第一次在世界范围内对车用燃油（包括车用汽油和车用柴油）提出了科学、明确、详细的指标要求。制定《规范》的目的是在世界范围内协调车用燃油的质量要求和标准制定，规范燃油质量与汽车技术的发展，以应对日益严格的油耗法规和不断升级的排放标准要求。

《规范》第1版于1998年12月发行，之后历经4次修订，最新的第5版已于2013年9月正式发布，第5版《规范》中部分车用汽油的品质指标见表4-5。

表4-5　第5版《规范》中部分车用汽油品质指标

项　目	Ⅰ类	Ⅱ类	Ⅲ类	Ⅳ类	Ⅴ类
辛烷值（RON）	91/95/98	91/95/98	91/95/98	91/95/98	95/98
密度（15℃）/（kg/m³）	715～780	715～770	715～770	715～770	720～775
硫含量/（mg/kg）不大于	1 000	150	30	10	10
ω（芳烃）/%　不大于	50.0	40.0	35.0	35.0	35.0
ω（烯烃）/%　不大于		18.0	10.0	10.0	10.0
ω（苯）/%　不大于	5.0	2.5	1.0	1.0	1.0

车用汽油中对于汽车排放性能和燃油经济性影响较大的指标主要有辛烷值、硫含量、烯烃含量、芳烃含量、苯含量、密度和蒸馏特性（*T*10、*T*50、*T*90和EP）。随着各国对于排放控制和燃油经济性要求的日益严格，《规范》对于清洁汽油要求的总体趋势是降低硫含量、芳烃含量、烯烃含量和苯含量，收窄密度范围，提高最低辛烷值等级。

第5版《规范》中增加的第Ⅴ类车用柴油实际上是建立了一个高质量的纯车用柴油规格。此类车用柴油可以利用某些先进生物燃料，如加氢植物油（HVO）和生物质制油

（BTL），最终调和后的车用柴油满足特定的法规限值即可。相比于第Ⅳ类车用柴油，第Ⅴ类车用柴油在指标要求上没有突破。

影响车用柴油排放和燃油经济性的指标主要包括十六烷值（十六烷指数）、硫含量、密度、蒸馏特性、芳香烃含量等。随着燃油类别的提高，车用柴油品质指标总的变化趋势是提高十六烷值，降低硫含量、芳烃和多环芳烃含量，收窄密度范围。与第 4 版《规范》相比，第 5 版《规范》中的车用柴油品质指标均未做调整，可能是这些指标进一步提高限值的空间不大，第 5 版《规范》中部分车用柴油的品质指标见表 4-6。

表 4-6　第 5 版《规范》中部分车用柴油的品质指标

项　目	Ⅰ类	Ⅱ类	Ⅲ类	Ⅳ类	Ⅴ类
十六烷值　不小于	48.0	51.0	53.0	55.0	55.0
十六烷指数　不小于	48.0（45.0）	51.0（48.0）	53.0（50.0）	55.0（52.0）	55.0（52.0）
硫含量/（mg/kg）　不大于	2 000	300	50	10	10
密度（15℃）/（kg/m^3）	820～860	820～850	820～840	820～840	820～840
90%馏出温度/℃　不大于		340	320	320	320
95%馏出温度/℃　不大于	370	355	340	340	340
终馏点/℃　不大于		365	350	350	350
ω（芳烃）/%　不大于		25	20	15	15
ω（多环芳烃）/%　不大于		5	3.0	2.0	2.0

第 5 章　汽柴油全过程质量管理

油品质量管理应树立以下指导思想：一是以建立 ISO 9000 质量管理体系提高工作质量来保证油品质量。工作质量是一个企业或部门的组织领导、管理和技术水平、思想政治、生活保障等对完成各项任务所具备的保证能力和工作水平，也就是说整个企业的管理质量。它和产品质量是不同的两个概念，不能混同，但它们又有紧密联系，不可分割。因此，工作质量好坏是保证产品质量的基础，产品质量能否保证，是企业工作质量的综合反映。

如果一个企业出了质量事故，首先要从检查工作质量入手，在工作质量上找原因。二是质量管理工作贯穿于全过程。油品质量检验很重要，它可以防止把不合格油品收进来，发现质量管理中存在的问题。所以油品质量管理应贯彻“防检结合，预防为主”的方针，应该从采购开始，以后的每一个环节，如油品的运输、接卸与保管、销售及售后服务都要加强质量管理，环环相扣，每一个工作环节都使油品质量处于控制状态，这样才能做好油品质量管理工作。三是质量管理工作要全员参与。质量管理工作好坏与各部门都有联系，它们的工作质量都直接或间接地影响到产品质量管理。质量管理不是某一个部门或少数人的责任，而是全体人员的共同任务，是他们在各工作环节活动的综合反映。各部门、各环节不仅要做好本职工作，还要考虑全局，特别是下一个环节的工作，即上一环节为下一个环节负责。例如，保证油品中没有水分杂质，就和设备是否完好，容器是否清洁和按时清洗，收发操作是否按操作规程要求进行，领导和部门能否严格要求和督促检查等一系列工作有关。仅仅把油品质量管理工作看成是某一个部门或质检员、质量管理员的事，这是不正确的。只有人人关心质量，人人对保证油品质量尽职尽责，实行全员参与质量管理，才能保证油品质量落到实处。四是采取综合措施管理质量。油品质量和其他事物一样，是有一定变化规律的，要保证油品质量，就必须掌握它的变化规律。影响油品质量变化的主要因素包括人的因素、环境因素以及油品性质、储运以及各种设备技术状况，质量管理措施的控制手段等等。油品质量变化可分为正常变化和异常变化两类。正常变化是指上述因素同时起作用的随机变化，如汽油受外界温度及空气中氧的作用，胶质会增大，馏出温度（初馏点）会升高。一般来说，正常变化对油品质量的影响是不可避免的，但是通过采取综合措施，提高质量管理水平，可以避免或延缓油品质量的变化。异常变化是因受系统工作质量和其他特殊原因的影响而产生的变化。如由于管理混乱，工作人员不遵守操作规定，发生混油事故等。异常变化大多属于可避免的。五是树立服务客户，维护企业品牌意识的思想。

油品从资源的组织到销售完成以及售后服务形成了一整套完整的质量管理链。通俗地讲，就是从油品采购到消费者购买的油品使用完毕的过程。图 5－1 为供应链质量管理流程。

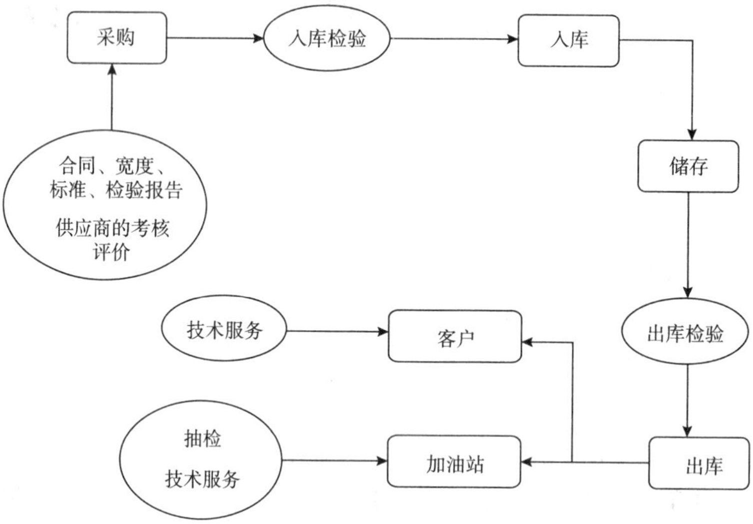

图 5－1　供应链质量管理流程

本章重点介绍油品采购的质量控制、油品运输的质量控制、油品收发与保管的质量控制、油品销售的质量控制及售后服务中的质量管理。

5.1　油品采购的质量控制

随着社会发展，人们的生活水平提升，广大消费者的维权意识也在不断增强，各级政府部门依法加大了对市场的监督管理力度。企业只有诚信经营，才能在市场中保持一席之地，产品质量好坏直接影响市场的销售和企业信誉。

选择合格的供应商才能保证采购产品的质量。供应商的选择流程：资质确认→供应能力→生产规模→产品质量确认→服务质量→其他需要考察确认事项。企业还应该建立供应商管理制度，定期对供应商进行评价，实行动态管理，不定期对供应商进行考核和调整。

5.1.1　供应商资质

全面考察供应商组织机构、产品生产许可证、生产批发资质、营业执照、注册地点、经营范围、资产状况、经营状况、企业诚信状况以及管理体系等情况。

5.1.2　生产规模及供应能力

考察供应商有无自己的仓储设备或者生产设备、仓储能力，必要时了解其产品生产工艺等。

5.1.3 产品质量确认

考察产品质量管理机构、检测队伍、仪器设备配备情况、质量保障体系建立情况等。必要时也可以到其储油罐中取样进行检验，将检验结果与该供应商出具的同批次油品质检报告中的数据进行对比分析。

5.2 油品运输的质量控制

运输环节的质量管理是全过程质量管理中的难点和重点。油品运输形式分为：油船、铁路、公路和管线。

5.2.1 油船运输

油船运输质量管理即从发油单位装入油船至收油单位卸油前的期间油品质量管理。

油船的舱室结构比较复杂，有货舱、自用油舱、生活用水舱、污油舱、压载水舱等，其管线纵横交错。在选择油船时，必须要求运输方提供油船结构图以及油舱容积表（必须盖有法定机构的检测专用章）。在签订运输合同中必须有保证运输油品质量不受污染的明确条款，双方各自应该承担的责任以及质量交接方式等。

油船在一般情况下禁止装运两种以上油品，并尽可能固定装一种油品，以减少清洗次数。必须同时装运两种以上油品时，应仔细检查隔舱有无渗漏，闸阀是否严密，以防串油。

油品装油前，由分管副长（大副）组织人员检查装油器材是否完好和清洁，以免污染油品，尤其应重视油舱的清洁情况。验舱原则上由发油单位负责，在炼油厂装油时由驻厂代表与炼油厂相关人员共同进行验舱，在本企业码头装油时由油库质检室负责检查。验舱时油船方必须派员参加，验舱人员应首先了解本次运输油品的品种和上次装油的品种以及最近船舱清洗情况，然后逐舱检查舱壁和舱底。油船在多处装油时，在第一次装油点应全部检查，合格后才能装油。以后各装油点应弄清各舱装油的数量和质量，并对空舱再次验舱。如油船携带发货罐封存油样及检验报告，接收油库质检室负责查收。

油船装油后，由发油单位会同船方对舱盖和阀门进行铅封，对不能铅封的通风管，船方要注意防止落入水分和杂质。

油船在一般情况下不得用水注入油舱压载，更不得在卸油后用水顶输管线，防止在油水界面产生微生物细菌而影响油品质量。如图 5-2 为油品中的微生物细菌的一种情况。

5.2.2 铁路运输

成品油铁路运输主要是依靠铁路槽车，载重一般为 50t 或 60t，也有 30t 和 80t 的。铁路槽车分轻油和黏油两种，轻油车的内壁大多涂有防锈涂料，黏油罐车内部有加温管和底部放油装置。

图 5-2　油品中的微生物细菌产物

铁路槽车装油前要逐车检查油罐内清洁情况，装油后进行铅封，运输途中如铅封受损应由铁路部门负责，若铅封完好，发现质量问题由发油单位负责。

5.2.3　公路运输

公路运油装备有汽车油罐车、油罐拖车和运输车。汽车油罐车的装油部分都是卧式油罐，为了增大行驶稳定性，油罐的截面呈椭圆型。油罐内应装有带孔的隔板，将油罐分成几个相通的隔间，以减轻在行驶中油品对顶板的冲击。为了防止油品产生静电的积聚，在油罐车后端安装了静电接地装置。汽车油罐车的容积一般为 $5m^3$、$10m^3$ 和 $15m^3$ 等，油罐拖车容积有 $15m^3$、$20m^3$，也有 $30m^3$ 等。

公路运输中的油品质量管理从运输车队的选择开始，一般情况下应选择规模大、管理规范的车队。汽车油罐车一般只适用于短途运输，必须实行“专车专用”。

首次来库装油的油罐汽车，装油前发油单位应检查汽车油罐内清洁情况。若作为油库间转移运输的油罐汽车，在同一次运输同一批次油品的第一车，发油单位应抽取底部油样，检查水分、杂质和颜色外观、气味等，并将质检报告随车携带交收油单位。装油后，发油单位负责施打铅封（或锁好电子锁），并在移库单（或相关票据）中记录好铅封号码、铅封数量等信息，随车交给收油单位核查。

5.2.4　管道输送

管道输送分为点对点专用和长距离共用管线。点对点专用即为库到库、厂到库专用管线。长距离共用管线即为某一区域内的多个卸载点共用一根管线。长距离管线投资成本高，无法做到专管专用、专泵专用，往往是多个油品顺序输送，即输送完汽油再输送柴油。

管道输送其中有一个特点是管线距离长、管径粗，管线内余油多。若不能连续输油时，两种油品交汇点的质量将随着停泵时间的变化而发生变化，混油的数量也随着停泵时间的变化而变化。因此，在管线输送油品前要有周密的计划和方案。管道输送油品的质量交接，应有合适有效的合同，明确双方责任和义务。如生产企业有义务将待输送的油品质检报告传送给接收方、双方共同对拟发油品进行取样（包括取样地点、取样时间、取样频次、取样数量，样品保存时间等）、切割油品的处置、下载油品质量的交接点等都要在合同中有明确的描述。

管线输送油品下载结束后，接收油库必须对入库油品进行取样检验。发现油品质量异常时，收发双方人员应及时采取有效措施，查明原因，共同协商解决方案，确保出库油品质量合格。输油管线应经常进行巡视检查，防止因管线渗漏而影响油品质量。

5.3　油品收发与保管的质量控制

5.3.1　油品接收的质量控制

接收油品必须严格按照各项规章制度和操作规程，做好各项检查，防止错收油品或水分杂质污染等质量事故。

油库接到收油通知后，应根据来油的品种和数量，确定接收油罐，尽量做到并装腾空。对无法腾空的容器，应弄清原来储存油的质量和数量情况，必要时取样检验。组织人员仔细检查收油容器、管线、油泵等卸油器材是否清洁完好，发现问题及时解决，防止出现混油等事故。卸油前相关部门应认真核对来油的相关单据（如质检报告）、车（船）号、铅封标志等，然后填写《入库检验通知单》通知质检室取样检验。

某企业入库验收流程见图 5-3。

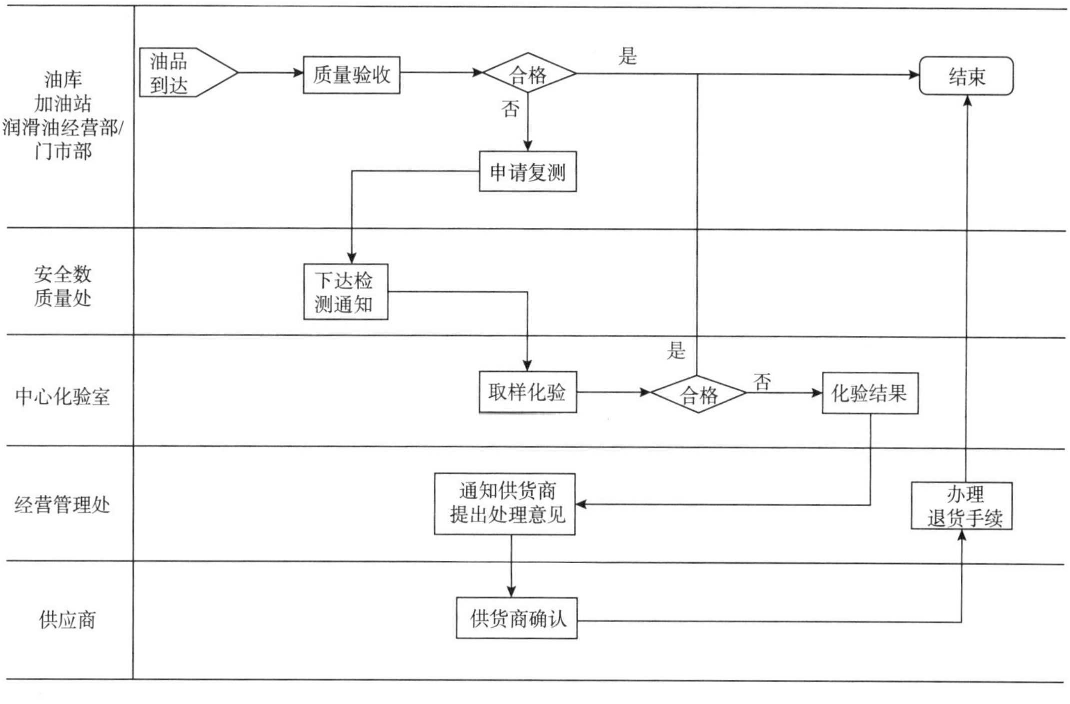

图 5-3　某企业入库验收流程

质检室应逐车（舱）取样，检查底部水分杂质、颜色外观，然后按相关规定组成组合样，按来油性质确定检验项目。

其他油品根据购销合同要求，确定入库必验项目。

样品检验合格后通知油库卸油。油库收油完毕应再次通知质检室对收油油罐取样检验，质检室应逐罐建立质量档案。

对证件不符，铅封损坏或检验结果与来油质检报告数据发生异常的，应会同运输方查明原因，同时报告相关部门，在未得到回复时油库不得接卸油品。

加油站接收油库发来的油品时，在检查车牌号、相关单据（接收外库直送油品时应索取随车携带的该批次油品有效质检报告）和铅封一致、完好后，应用专用取样器从汽车油罐车中取样，检查油品外观、水分、杂质、气味等，发现异常情况，加油站应通知油库与运输方查明原因，在原因未查明前不得接卸油品。

加油站收油完毕，对运油车实施铅封或锁好电子锁，并将铅封号记录在单据回执联中，随车带回发货油库。

某企业油品质量管理流程见图 5-4。

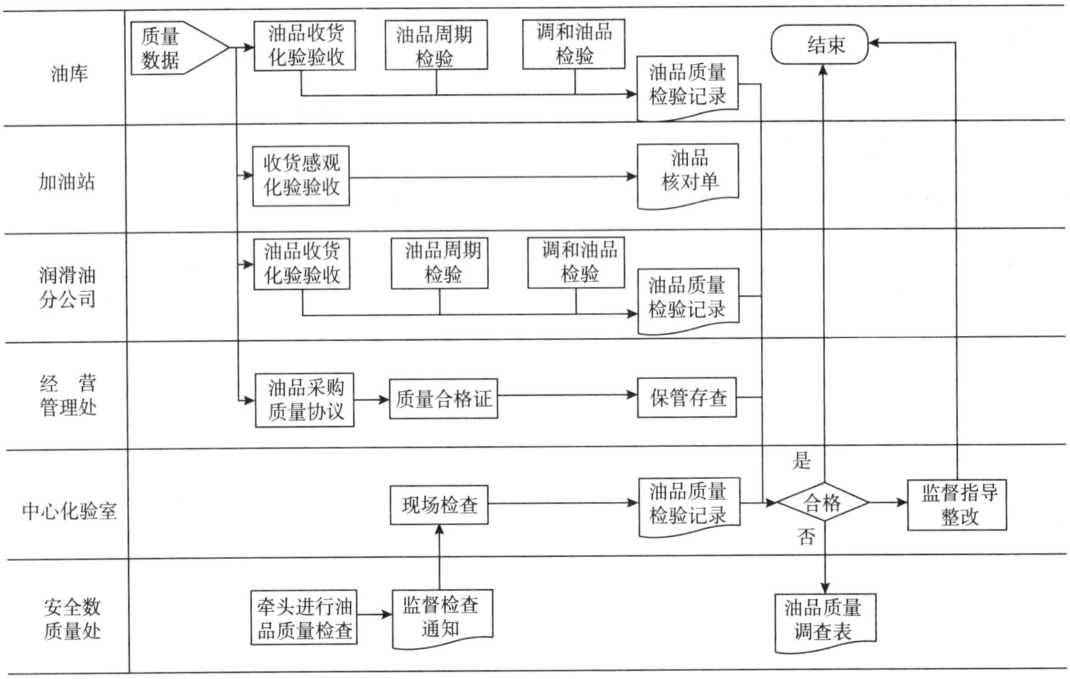

图 5-4　某企业油品质量管理流程

5.3.2　出库油品的质量控制

油库发油应本着“存新发旧、保证质量”的原则，根据入库油品时间和质量情况，确定发油的批号和油罐号，并防止错发油品。一般情况下，应发完一罐或一个批次再发另外一罐或批次的油品。

发油前油库应填写《油品出库检验通知单》通知质检室对发货罐取样检验，质检室根据制度规定确定检验项目，样品检验合格后将检验结论报告油库相关部门。

油库除检查本单位的发油容器、管线、油泵、过滤器外，还要检查运油装备的清洁完好情况。根据管线长短的不同，对更换油品的发货罐发出的前几车，要取样检查运油车油罐底部油品的颜色外观、气味、水分杂质情况，若无异常则铅封后放行出库。

图 5-5 为油库过滤网底部锈穿，将油罐内杂质发至加油站，造成质量事故。

5.3.3　油品储存中的质量控制

各油库应因地制宜地改善保管条件，延缓油品质量变化。挥发性较强的汽油罐，应采用内浮顶装置，在气温较高的情况下，要适时喷水降温。

图 5-5　油库过滤网底部锈穿，将油罐内杂质发至加油站，造成质量事故

为防止串油，同管线的油罐组一般禁止储存不同种类油品。如必须储存，应先将管线冲洗干净，并在管道有关连接处用盲板隔开。露天和埋地油罐的罐口，应有防护罩或设置集水井（集水井应与排水管连通，确保积聚的雨水及时干净地排出），以防止水分、杂质混入油中。应每天对油罐测量水高，遇雨、雪天气增加测量次数。加油站收油完毕应测量油罐内水高，若水高超过 50mm 时，必须停止加油并将油罐内水分排出。对销售量比较小的油罐，除每天测量水高外，还应经常检查底部水杂情况。油库应有油罐定期进行排水的规定。

油罐必须建立定期清洗制度，长期储油的油罐应有腾空清洗计划，油罐清洗周期一般为 3～5 年，如有特殊情况，及时清洗。放空罐、中转罐和发油罐应经常清除罐底水分杂质，2～3 年清洗一次。

油库应建立收发油设备检查规程，如油罐底座、管线、闸阀等保持每天巡视，查看有无渗漏。油库还应有收发油设备维护保养的制度，特别要加强过滤器的检查保养，防止因过滤网破损，随油发出水杂的质量事件。

为确保储存油品质量，油库一般不要随意频繁倒罐，如因储存需要必须倒罐的，需征求质检室意见方可实施倒罐作业，事后必须通知质检室对倒入罐进行取样检验。储存周期长的油品，油库应通知质检室进行周期检验。一般车用汽油、变性燃料乙醇、车用乙醇汽油调和组分油、普通柴油和车用柴油不动罐的检验周期为 90 天，煤油、溶剂油、各种润滑油、脂的检验周期为 180 天，加油站发货罐油品的检验周期为 20 天，普通柴油储存期间还应每周复检一次色度。

5.3.4　加油站油品质量控制

加油站直接面对客户，油品的质量管理尤为重要，主要关注油品接卸和日常管理。

5.3.4.1　油品接卸管理

（1）卸前准备

①认真核对来油信息，包括油名牌号、发货油库、运输油罐车是否专车专用等。

②检查油品外观情况，如外观颜色、气味、水分杂质等。若因油罐车为密闭装卸无法采样时，则可采用专用取样装置实施取样。图 5-6 为密闭油罐车底部取样器。

③保留样品，以备质量追溯。

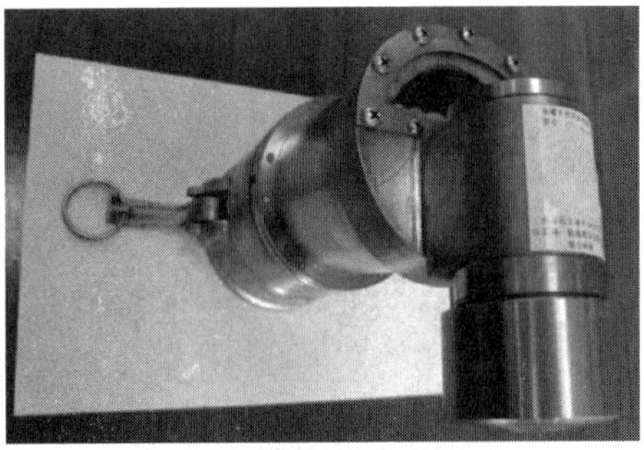

图5-6　密闭油罐车底部取样器

④测量油罐水位和油品高度。

(2) 开始接卸

①停止进油罐对应的加油枪对外加油。

②确认输油管是否与进油罐一致，防止混油事故的发生。

③卸油现场留人观察，确保安全。

(3) 接卸完毕

①卸后再次测量油罐水高，若无变化，静置15min后开始加油作业。

②加油站当接收油品完毕，应认真检查储油罐底部水分杂质情况，若无异常，则通知加油人员开始发油。加油站严格禁止“边收边发”，消除静电、防止水分杂质随油发出。

5.3.4.2　日常管理

①储油罐保持3~5年清洗一次，确保罐底无水杂或油泥。清洗油罐时进行压力测试或油罐壁厚检测及管线压力测试，防止渗漏。

②每天至少测量一次油水高度，大暴雨或大雪后增加测量频次，防止水分随油发出。

③经常检查或更换过滤器滤芯，确保销售油品的洁净程度。

5.4　售后服务

售后服务是指油品加入用户油箱直至使用完毕期间的服务。售后服务包括对客户的技术咨询、客户的维护等。

汽车驾驶员来站加油前，加油站员工可建议客户按照发动机压缩比选择合适的汽油牌号（见本书第2章表2-6）。

尽量不要等油箱油位指示灯出现红灯时再加油，这可能会因为油箱底部水分被搅动出来，影响正常供油。

提醒客户经常清洗油箱，排除底部水分杂质。

5.4.1　正确选择汽油牌号

汽车驾驶员往往是根据汽车说明书推荐的燃料牌号选择加油，但相当一部分驾驶员不知道按照汽车压缩比来正确选择汽油牌号，因此加油站员工有义务根据车辆型号向驾驶员推荐合适的用油。(详见本书2.2.1)

5.4.2　节油小技巧

各种车型的出色操控性能和亮丽的外观吸引了越来越多的消费者，车主相互之间谈论最多话题就是如何节省燃油，也有的驾驶员抱怨油品质量等级上去了但感觉不耐用，同样的数量走的路程少了。多年的测试结果显示，不同批次的油品油耗差异平均值为 0.76%。由此可见对于车辆油耗问题，主要与开车习惯、天气、道路状况、风速风向、红绿灯数量、超车次数等有关。

（1）怠速无功要少用

开车前热车，冷车行驶、等红灯、道路拥堵等情况下的怠速都会浪费燃料。根据实验数据显示，冷车启动怠速 1min，约浪费汽油 50mL。因此，建议从发动机点火到起步时间不要过长，途中休息或办事要熄火，从而减少怠速空转耗油，避免空轰油门。

（2）挡位调换要及时

由于路面和载荷情况限制决定着车速，即要安全又要舒适还要节油，那么就要选择合适的档位。通俗说法就是“既不能让发动机太轻松飞”，也不让发动机太费力“背”，发动机太轻松和太费力都会多耗油。不要在低速挡位高速行驶，手动挡要勤换挡，当发动机转速适当时，高挡位行驶更省油。

（3）车行下坡要进挡

现在汽车基本上都采用电喷技术供给发动机燃油，并使用电脑技术佐以空气流量计科学地配比混合气体，能自动地根据汽车载荷和驾驶员主观油门量调整供油量。当用合适的挡位下坡时，坡道产生的动能加速度即惯性使驾驶员下意识地松开油门，电脑便减少喷油量或停止喷油，此时即可利用下坡惯性滑行以达到节油目的。

（4）刹车尽量要避免

俗话说“一脚刹车二两油”，当前方有情况或遇红灯时应及时松掉油门利用惯性滑行，右脚放在刹车上根据车速和距离来控制车速，最后轻点刹车平稳停车，这样既节省燃油又减少刹车片的磨损。

（5）开启空调也耗油

测试数据显示，空调开启时市区行驶增加油耗 8.6%，高速行驶时增加油耗 5.5%。所以，少开空调可以节省燃油。

（6）车载赘物要清除

物理力学告诉我们功与耗是成正比的，所以车上应少携带无用赘物。现在加油站星罗棋布随时随地都可以加油，装半箱油行车也不失为减轻载荷的方法。

（7）轮胎气压要标准

轮胎气压高了易爆胎不安全，硬颠不舒适，气压低了阻力大特耗油且坏胎。保持适当的气压，有助于节省燃油、舒适驾驶。

（8）行驶途中少开窗

行车开窗等于扩大了空气受阻面积，特别是高速状况下相当于一直爬上坡，或拖挂了一个降落伞，耗油多也是可想而知的。

（9）行车水温要正常

汽车发动机正常运转的水温是 80～90℃。水温低或高于正常值时，都会增加油耗。因为冷车机油会黏稠，润滑就差一些，而发动机也需要耗能热身。水温不正常会加速磨损乃至损坏发动机，因此要时时注意水温，冷车时开始只能低速行驶，高温或开锅时必须立即熄火排除故障。

(10) 汽车润滑用好油

使用高品质的机油不仅能更好地保护发动机，还可以达到节油的效果。

(11) 采用汽车隔热措施

为车辆配置具有高隔热性能的汽车玻璃贴膜，可有效降低车内温度，有利减少空调负荷及燃料的消耗。

5.5 质量投诉的处理

投诉是消费者的权利，以维护自身权益而对产品质量提出的质询或者诉求。投诉通常分为有效投诉和无效投诉两种情况。有效投诉是指经过综合流程分析和产品质量检测，证明该产品确实存在缺陷或因管理不善造成消费者财产损失或人身伤害的。其他一般视为无效投诉。

应建立完善的质量投诉控制程序，确保第一时间处理好加油站与消费者之间的纠纷，将影响降到最低。加油站经理是现场处置消费者纠纷的第一责任人，第一时间处置方式方法得当直接关系到后续的处理工作。加油站在接到消费者投诉后，第一责任人要热情接待、仔细听取消费者的诉求，不卑不亢地进行合理、专业的解释。

5.5.1 油箱中含有水分的处理

油箱中的水分大多来自于自身日积月累的集存。当油箱满载后，油箱内的正负压力保持平衡，随着发动机的燃烧，油量减少，油箱内形成负压力，为了保持压力平衡，油箱上的压力平衡阀打开以补充压力，此时潮湿的空气进入油箱（在内外温度变化的情况下）形成水蒸气，凝聚在油面以上的空间，久而久之水蒸气变成水珠沉入油箱底部。当水珠达到一定数量时，随着加油枪加油的冲击力，将水分与油品混合在一起，此时启动发动机，水分有可能会被吸入油路，造成熄火。

5.5.2 疑似油品质量问题的处理

疑似油品质量问题造成发动机不能正常工作的处理。若有投诉，应检查管理各流程是否规范，必要时可与客户共同在加油站，通过加油枪取样铅封后送双方认可的实验室检验。

第6章　油品质量监督抽查

6.1　监督抽检分类

根据2000年修订的《中华人民共和国产品质量法》第八条：国务院产品质量监督部门主管全国产品质量监督工作。国务院有关部门在各自的职责范围内负责产品质量监督工作。县级以上地方产品质量监督部门主管本行政区域内的产品质量监督工作。县级以上地方人民政府有关部门在各自的职责范围内负责产品质量监督工作。

因此，按组织形式分类，油品监督抽查可分为以下3种：

6.1.1　国家级质量抽检

根据国务院办公厅《关于印发国家质量监督检验检疫总局及国家认证认可监督管理委员会国家标准化管理委员会职能配置内设机构和人员编制规定的通知》（国办发［2001］56号）和国务院办公厅《关于印发国家工商行政管理总局职能配置内设机构和人员编制规定的通知》（国办发［2001］57号），明确国家质量监督检验检疫总局和国家工商行政管理总局在质量监督方面的职责分工为：国家质量监督检验检疫总局负责生产领域的产品质量监督管理，国家工商行政管理总局负责流通领域的商品质量监督管理。国家工商行政管理总局在实施流通领域商品质量监督管理中查出的属于生产环节引起的产品质量问题，移交国家质量监督检验检疫总局处理。国家工商行政管理总局不再重新组建检测检验机构。按照上述分工，两部门要密切配合，对同一问题不能重复检查、重复处理。

6.1.1.1　国家质量监督检验检疫总局监督抽查

国家质量监督检验检疫总局在2010年12月29日公布第133号令《产品质量监督抽查管理办法》。主要内容包括：

①监督抽查不得向被抽查企业收取检验费用。

②对依法进行的监督抽查，企业应当予以配合、协助，不得以任何形式阻碍、拒绝监督抽查工作。

③凡经上级部门监督抽查产品质量合格的，自抽样之日起6个月内，下级部门对该企业的该种产品不得重复进行监督抽查，依据有关规定为应对突发事件开展的监督抽查除外。

④抽样人员应当是承担监督抽查的部门或者检验机构的工作人员。且抽样人员不得少于2名。

⑤抽样前，应当向被抽查企业出示组织监督抽查的部门开具的监督抽查通知书或者相关文件复印件和有效身份证件，向被抽查企业告知监督抽查性质、抽查产品范围、实施规范或者实施细则等相关信息后，再进行抽样。

⑥监督抽查的样品应当由抽样人员在市场上或者企业成品仓库内待销的产品中随机抽取，不得由企业抽样。抽取的样品应当是有产品质量检验合格证明或者以其他形式表明合格的产品。

⑦有下列情形之一的，抽样人员不得抽样：

（a）被抽查企业无监督抽查通知书或者相关文件复印件所列产品的；

（b）有充分证据证明拟抽查的产品是不用于销售的；

（c）产品不涉及强制性标准要求，仅按双方约定的技术要求加工生产，且未执行任何标准的；

（d）有充分证据证明拟抽查的产品为企业用于出口，并且出口合同对产品质量另有规定的；

（e）产品或者标签、包装、说明书标有“试制”、“处理”或者“样品”等字样的；

（f）产品抽样基数不符合抽查方案要求的。

⑧有下列情形之一的，被抽查企业可以拒绝接受抽查：

（a）抽样人员少于2人的；

（b）抽样人员无法出具监督抽查通知书、相关文件复印件或者有效身份证件的；

（c）抽样人员姓名与监督抽查通知书不符的；

（d）被抽查企业和产品名称与监督抽查通知书不一致的；

（e）要求企业支付检验费或者其他任何费用的。

⑨抽样文书分别留存企业和检验机构，并报送组织监督抽查的部门。

⑩抽取的样品需要封存在企业的，由被检企业妥善保管。

⑪在市场抽取样品的，抽样单位应当书面通知产品包装或者铭牌上标称的生产企业，确认企业和产品的相关信息。生产企业对需要确认的样品有异议的，应当于接到通知之日起15日内向组织监督抽查的部门或者其委托的异议处理机构提出，并提供证明材料。逾期无书面回复的，视为无异议。

⑫被抽查企业对检验结果有异议的，可以自收到检验结果之日起15日内向组织监督抽查的部门或者其上级质量技术监督部门提出书面复检申请。逾期未提出异议的，视为承认检验结果。

⑬质量技术监督部门应当依法处理企业提出的异议，也可以委托下一级质量技术监督部门或者指定的检验机构处理企业提出的异议。对需要复检并具备检验条件的，处理企业异议的质量技术监督部门或者指定检验机构应当按原监督抽查方案对留存的样品或抽取的备用样品组织复检，并出具检验报告，于检验工作完成后10日内作出书面答复。复检结论为最终结论。复检结论表明样品合格的，复检费用列入监督抽查经费。复检结论表明样品不合格的，复检费用由样品生产者承担。检验机构应当将复检结果及时报送组织监督抽

查的部门。国家监督抽查应当同时抄报企业所在地省级质量技术监督部门。

6.1.1.2 国家工商行政管理部门监督抽查

国家工商行政管理总局在 2016 年 3 月 17 日公布第 85 号令《流通领域商品质量监督管理办法》。《流通领域商品质量监督管理办法》明确了立法目的和依据、管辖及范围，确立了监管制度、监管要求、监管原则，同时对经营者明确了商品质量义务，在监督检查方面，明确了日常检查、抽查检验、专项执法、案件立案查办、监督检查职权、溯源、信息公开、教育预防和举报奖励等要求，对于经营者违反办法、抽查发现不合格等要承担的法律责任、从轻减轻处理的情形也进行了详细的规定。

主要内容包括：

①销售者应当严格执行进货检查验收制度，如实记录进货检查验收情况，并根据商品特点采取必要的保管措施，保持所销售商品的质量。

检查验收的内容主要包括：

（a）供货商的主体资格；

（b）商品合格证明和其他标识；

（c）对依照法律、法规规定实行生产许可证或者强制性产品认证制度的商品，查验其许可证、认证证书。

②销售者不得销售下列商品：

（a）不符合保障人体健康和人身、财产安全的国家标准、行业标准的商品；

（b）不符合在商品或者其包装上标注采用的产品标准的商品，不符合以商品说明、实物样品等方式表明的质量状况的商品，不具备应当具备的使用性能的商品；

（c）国家明令淘汰并禁止销售的商品；

（d）伪造产地，伪造或者冒用他人的厂名、厂址，伪造或者冒用认证标志等质量标志的商品；

（e）失效、变质的商品；

（f）篡改生产日期的商品。

③工商行政管理部门应当按照法律、法规、本办法规定以及随机抽查实施方案的统一安排，随机抽查辖区内经营者，随机选派执法人员，对销售的商品以及经营性服务中使用的商品进行监督检查。

随机抽查的内容主要包括：进货检查验收制度执行情况，商品的质量检验合格证明、说明书以及生产厂厂名、厂址、警示标志等标识标注情况，其他应当向消费者提供的商品信息。工商行政管理部门对消费者、有关组织、大众传播媒介反映的以及行政执法中发现有质量问题的商品，应当开展重点检查。

④工商行政管理部门应当按照流通领域商品质量抽查检验有关规定开展抽查检验工作，运用大数据分析等手段，科学确定线上线下抽查检验的重点，制定抽查检验计划和实施方案，不得随意抽查检验。抽查检验应当依据法律、法规、强制性标准和其他有关规定，以及商品或者其包装上注明采用的产品标准或者商品说明、实物样品等方式表明的质

量状况进行商品质量判定。抽查检验结果应当及时向社会公布。

⑤对经抽查检验并依法认定的不合格商品，工商行政管理部门应当责令销售者立即停止销售。对发现销售有不符合保障人体健康和人身、财产安全的国家标准、行业标准的商品的，应当责令辖区内销售者立即停止销售同一商标的同一规格型号的商品，及时对该商品的供货者进行追查；供货者不在本辖区的，应当将相关线索通报供货者所在地工商行政管理部门。属于生产者责任引起的商品质量违法行为，应当将相关线索通报生产者所在地相关行政部门。

⑥经营者对工商行政管理部门依法进行的监督检查应当配合，不得拒绝。

国家工商行政管理总局在2014年2月发布并在3月15日起实施《流通领域商品质量抽查检验办法》（国家工商行政管理总局令第61号）。

《流通领域商品质量抽查检验办法》规定了抽检商品的范围、抽检工作程序、抽检结果处理等要求，明确了法律责任，严格规范了流通领域商品质量抽查检验的各项工作，使质量抽查的可操作性更强，强化了对消费者权益的保护，也减轻了企业的负担，减少重复抽检，强化了对抽检结果的利用。

主要内容包括：

①国家工商行政管理总局负责指导全国流通领域商品质量抽检工作，根据需要开展或者组织省、自治区、直辖市工商行政管理部门开展流通领域商品质量抽检。

省、自治区、直辖市工商行政管理部门（以下简称省级工商行政管理部门）负责统筹管理和组织开展辖区流通领域商品质量抽检工作。

省级以下工商行政管理部门按照省级工商行政管理部门的规定实施流通领域商品质量抽检及相关工作。

②抽检应当依据法律法规、强制性标准和其他有关规定，以及商品或者其包装上注明采用的产品标准或者产品说明、实物样品等方式表明的质量状况进行商品质量判定。

③抽检不得向经营者收取检验费用。

④省级工商行政管理部门应当制定抽检工作计划，规定抽检的商品品种、抽检区域以及时间安排、经费预算等。抽检的商品品种主要是消费者、有关组织、大众传播媒介反映的以及行政执法中发现有质量问题的商品，涉及人体健康、人身财产安全和影响国计民生的商品以及上级部门要求的商品。同一年度原则上不得组织对同一商标的同一规格型号商品进行两次以上抽检，但有针对性地跟踪抽检除外。工商行政管理部门应当严格按照抽检工作计划实施抽检工作，不得随意抽检。

⑤抽检的检验工作应当委托具备法定资质的检验机构（以下简称承检机构）进行并签订委托协议书。

⑥工商行政管理部门应当根据抽检工作计划制订抽检实施方案。抽检实施方案应当包括抽检的商品品种、承检机构、抽样地点、样品数量、抽检程序、检验标准、检验项目、判定原则、检验结果通知、复检安排、费用预算等。

⑦实施抽检的工商行政管理执法人员不得少于两人，并应当向被抽检的经营者出示行

政执法证和抽检通知书。经营者对工商行政管理部门依法开展的抽检工作应当予以配合，不得拒绝。

⑧实施抽检的工商行政管理部门应当检查与被抽检商品相关的票证账簿、货源、数量、存货地点、存货量、销售量等，并对相关信息记录在案，由经营者签字确认。

⑨抽检所需检验用样品和备份样品由工商行政管理执法人员、承检机构人员按照有关规定抽取。样品和备份样品应当封样，并由工商行政管理执法人员、承检机构人员、经营者三方签字确认。

备份样品经工商行政管理执法人员、承检机构人员和经营者三方认可后封存。经营者不得私自拆封、毁损代为保管的备份样品。

⑩抽检所需检验用样品，按经营者进货价格购买。

⑪承检机构出具的检验报告应当格式规范、内容齐全、结论明确，并对其出具的检验报告的真实性、准确性、合法性负责，禁止伪造检验报告、出具虚假数据和结果。

⑫实施抽检的工商行政管理部门应当自收到检验结果之日起五个工作日内通知被抽样的经营者。检验不合格的，应当通知样品标称的生产者并责令被抽检的经营者限期改正。

⑬被抽样的经营者或者样品标称生产者对检验结果有异议的，应当自收到检验结果通知书之日起十五日内，向实施抽检的工商行政管理部门提出书面复检申请。逾期未提出书面复检申请的，视为对检验结果无异议。

经营者私自拆封、毁损备份样品的，不予复检。

⑭实施抽检的工商行政管理部门收到复检申请后，应当及时确定具备法定资质的复检机构，并书面通知复检申请人和承检机构。

复检申请人和承检机构应当自收到通知之日起七日内，按照要求分别办理复检手续和向复检机构送达样品。

复检应当按照有关抽检程序规定对原样品或者备份样品进行检验。复检机构应当及时将复检结果报送实施抽检的工商行政管理部门。实施抽检的工商行政管理部门应当自收到复检结果之日起五个工作日内通知复检申请人。复检结果判定商品合格的，复检费用由工商行政管理部门承担。复检结果判定商品不合格的，复检费用由复检申请人承担。复检结果为最终结论。

6.1.2　县级以上地方政府的质量抽检

根据《流通领域商品质量抽查检验办法》，省级工商行政管理部门负责统筹管理和组织开展辖区商品质量抽检工作，省级以下工商行政管理部门按照省级工商行政管理部门的规定实施流通领域商品质量抽检及相关工作。

目前，有部分地区实行县（市）工商、质监、食药监三部门机构整合成立市场监督管理局，一套人马三套牌子，生产领域与流通领域的质量监督抽查职责没有明确划分，均由市场监督管理局组织实施。

6.1.3 企业内部质量抽查

为加强对经营的成品油的质量监督管理，秉承以客户为关注焦点的质量管理原则，企业应根据内部的管理要求制订相应的质量监督抽查管理制度，明确抽查范围、抽查频次以及抽查检测的实施、抽查结果的应用等。企业内部抽查环节可包括运销存等各个环节。

6.2 质量监督抽查过程中的管理要求

6.2.1 受检单位总体要求

对于油品质量监督过程中要求受检单位应做到高度重视、积极配合，规范操作、严格把关。

无论是哪一级的质量监督抽查，其结果都是对受检单位质量管理水平的一种评价和考核，因此，受检单位应建立接受质量监督抽查的工作程序，明确责任人与工作职责，对质量监督抽查工作高度重视、积极配合，不得无故阻碍、拒绝接受抽查，如有原因，应向实施抽查的机构及人员合法合理地提出，确保抽查样品真实代表和反映受检单位的质量管理情况，既要符合政府与社会对油品质量管理的要求和消费者利益，又要保护企业权益。这也是法律法规赋予企业的权利与义务。

6.2.2 受检单位的受检基本工作流程

6.2.2.1 监督抽查合规性确认

受检单位对检查机构监督抽查首先要进行合规性的确认，对监督抽查的目的、范围、要求进行了解，对抽查人员的身份真实性进行确认。包括要求监督抽查人员出示监督抽查通知书、相关文件的复印件、人员身份证明等，并向上级或相关部门进行确认。对于政府部门组织的监督抽查工作，应确认抽查人员是具有抽样能力的人员，如具有法定资质的产品质量监督检验机构人员。

6.2.2.2 抽样过程确认

油品的质量监督抽查中抽样是关键环节。因为汽油和柴油是易挥发、易受污染变质的不稳定的液体石油产品，所以油品抽样的真实性、代表性对检测结果影响重大。抽样过程的确认包括：

（1）抽样容器、盛装样品容器的确认

抽样及盛装样品容器的材质、密封性以及清洁度对油品的质量会产生影响，如含铜、铬、铅离子的抽样器或样瓶、透明不遮光的容器或塑料瓶等都不应用于质量监督抽查，而密封性差、瓶盖与瓶身不相配以及含水、污油或铁锈、玻璃渣等杂质清洁度较差的容器，都应拒绝使用。

（2）抽样位置的确认

抽样位置不同，对油品质量也会产生影响。为确保质量监督抽查的代表性，一般来说加油站的抽样应在加油机、加油枪进行，而油库的抽样应在油罐进行；不同的环节，抽样位置要求不同，采集样品的数量也不同，因此抽样方案应按GB/T 4756的方法来确定。受检单位要确保抽查人员抽查时，抽样位置是否具有代表性，如抽样位置在出油管线下方。

（3）抽样操作过程规范性的确认

受检单位应对抽样操作过程全程参与，对抽样过程的规范性进行全程确认，确保整个操作过程无异常操作。

6.2.2.3　样品包装信息的确认

①样品抽取后应立即封装，贴上油样标签。油样标签上应有油品名称、规格、抽样地点、抽样时间、检验类别等信息。对抽样过程进行全过程确认的人员应认真核对标签上名称、牌号等信息与实际的一致性。

②用合适的方式密封样品容器，确保在不破坏密封的情况下，不能移开封闭器和样品标签。

③监督抽查单位带走或留在受检单位的备样，其包装要求与①、②一致。

6.2.2.4　油品抽查工作单信息的确认

①受检单位应向抽查人员提供准确的信息填写油品抽查工作单。包括：

（a）受检单位准确的名称、联系方式；

（b）抽查油品的名称、规格、执行产品的标准；

（c）抽样点信息，如抽样的油罐或加油机、加油枪号；

（d）抽样点的基数；

（e）如需要时，提供油品来源的信息以及相关进货单据。

②受检单位负责人在抽查工作单上签名盖章前，要一一核对工作单的信息与样瓶上的信息是否一致，与实际抽查情况是否一致。如有异议，应马上指出，重新填写。

6.2.2.5　质量监督抽样过程中的注意事项

①抽样的样品瓶应干燥、洁净。使用前应用待抽样的油品冲洗样瓶，尽可能将瓶内的灰尘或之前清洗残留清洗剂等杂质清除。同时要检查样品瓶是否有渗漏，如有渗漏则需废弃该样瓶。建议受检单位应自备数个符合要求的样瓶，以作替换之需。

②由于铜、铬、铅等金属离子会加快油品的氧化，对油品质量产生影响。因此，取样容器如含铜、铬、铅，要减少取样容器与油品接触的时间。盛装样品的容器，不允许含铜、铬、铅等金属离子。

③取样量应控制在样瓶体积的70%－85%，留有一定气体空间。注意避免高温天气转移样品，样品过分受热。如确需高温天气运输样品，其交通工具应能提供降温措施。

④对含锰汽油的取样要注意避光，一般来说，为避免光照对样品质量变化的影响，应采用金属样桶或棕色磨口玻璃瓶盛装油样。

⑤当采集挥发性样品，针对密度、蒸气压或馏程项目进行测定时，特别是蒸气压，要

注意避免轻组分的损失。如果必须要避免轻组分的损失，则不得从样品初始容器转移、组合或累积样品。当进行蒸气压的监督抽查时，其样瓶应预先冷却。

⑥对加油机加油枪进行取样时，取样人员取样前应消除静电。对于与加油机相连的油罐，在其收油期间，不得取样。抽取样品前，应先打出4L油品放掉。对于连续停枪时间超过60分钟的加油枪，为避免加油机胶管、加油机内零件对油品质量产生影响，抽样前还应先抽出至少10L的油品放掉，再进行抽样。

⑦一般当油品基数少于油罐1/3容量时，可认为抽样不具代表性，需了解抽样机构的抽样方案。

⑧在油罐内取样时，要注意若取样位置在油罐出油管线的下方取样，也可认为抽样不具代表性。

⑨国家与地方政府部门组织的质量监督抽查时，应同时抽取两份油样，一份作为检测样品，一份作为备查样品用于申诉或仲裁。受检单位宜同时抽取一份样品用于自查。备样在受样单位保存的，要注意放在荫凉、通风和避光的环境，避免人员错误对备样进行处理或造成污染，避免对包装的封条以及相关信息进行了破坏。

⑩有下列情形之一的，可以拒绝接受抽样：

（a）抽样人员少于2人的（抽样人员应是承担监督抽查的部门或者具有法定资质的检验机构的工作人员）；

（b）抽样人员无法出具监督抽查通知书、相关文件复印件或有效身份证件的；

（c）抽样人员姓名与监督抽查通知书不符的；

（d）被抽查的产品名称与监督抽查通知书不一致的；

（e）经上级部门监督抽查产品质量合格，自抽样之日起6个月内，下级部门对该种产品重复抽查的（依据有关规定应对突发事件除外）；

（f）抽样基数不具代表性（如油罐油量过低、停用的油罐或油枪等）；

（g）抽样人员要求收取检验及其他费用的。

⑪对样品上包装信息不符合或抽样工作单上填写的信息不符合的，要及时向抽查人员提出，对双方确认上有争议的，应拒绝签字，并及时向抽查人员以及其上级单位进行反映，维护企业权益。

6.2.3 受检后的工作

6.2.3.1 跟踪抽查结果

受检单位应跟踪抽查后的结果，及时向监督抽查单位了解相关信息。当企业进行了同步自查的，对自查结果应及时掌握。

6.2.3.2 对结果争议的申诉

①受检单位收到监督抽检不合格的《检验报告》或《质量抽查结果通知书》，经自查自留样为有效、合格，应按国家质检总局《产品质量监督抽查管理办法》或国家工商行政管理总局《流通领域商品质量抽查检验办法》的规定，在收到检验结果起15日内向组织

监督抽检的部门或其上级质量技术监督部门提出书面复检申请，同时做好相关协调与质量跟踪工作。

②受检单位检查分析产品质量监督抽查全过程相关的录像、图片、检验报告、承检单位质检能力等资料，找出与受检样品现行产品标准、《中华人民共和国产品质量法》、国家质量监督检验检疫总局《产品质量监督抽查管理办法》、国家工商行政管理总局《流通领域商品质量监督管理办法》等相关法律、法规、规范要求相悖的问题证据，作为复检理由。

③因为复检结论为最终结论，申请复检的受检企业要高度重视，要与质量技术监督局或工商局等组织质量监督抽查的机构进行面对面的沟通，特别是要通过协调，明确落实承担复检的检测机构。不能同意质检能力、公证力低的检测机构作为复检仲裁机构。

④受检企业要尽可能参与备样的转送复检全过程。转送复检样品前要认真查验样品包装、签封、储存条件、防拆封污染等方面的问题。复检样品有问题时应录象、照相取证，在向复检机构移交登记样品时，必须要求复检机构在样品状态栏中如实注明，并要求保留复检余样备用。

6.3　正确处理质量监督抽查发现的问题

对质量监督抽查发现有问题的，受检单位应及时负责对影响进行评价。经营部门负责也应及时根据影响程度进行处理。对已销售的油品要联系客户，必要时无偿进行油品更换或进行相关的经济补偿，降低影响。对未销售的油品要立即停售，降级、回炼、优化处理或定向协议销售。必要时，应启动应急措施，把对企业形象的影响降到最低。

受检单位应根据质量监督抽查的结果，分析不合格的原因，落实责任人，及时采取措施，进行整改，通过质量监督抽查，提高自身的质量管理水平。

参考文献

[1] 程丽华主编. 石油炼制工艺学 [M]. 北京：中国石化出版社，2010：134 - 136
[2] 徐春明，杨朝合主编. 石油炼制工程 [M]. 4 版. 北京：石油工业出版社，2009：174 - 175
[3] 炼油与化工技术 S - Zorb 吸附剂及其工艺进展 [J]. 中外能源，2013，18（3）：70
[4] 周龙保. 内燃机学 [M]. 2 版. 北京：机械工业出版社，1998.
[5]（日）细川武志. 汽车构造图册 [M]. 北京：人民交通出版社，2005.
[6] 张滨友. 汽车燃料和润滑剂 [M]. 北京：北京理工大学出版社，2003.
[7] 国家环境保护总局. GB 17691—2005 车用压燃式、气体燃料燃式发动机与汽车排气污染物排放限值及测量方法（中国Ⅲ、Ⅳ、Ⅴ阶段）[M]. 北京：中国环境科学出版社，2005.
[8] 国家环境保护总局. GB 18352.3—2005 轻型汽车污染物排放限值及测量方法（中国Ⅲ、Ⅳ阶段）[M]. 北京：中国环境科学出版社，2005.
[9] 李玉萍，许江涛. 国Ⅳ车用汽、柴油技术质量要求解析 [J]. 河南科技，2013（6）
[10] 高波等. 柴油组成对十六烷值与十六烷指数关联性的影响 [J]. 石化技术与应用，2010（1）
[11] 李虎. 十六烷值关联方法综述 [J]. 炼油与化工，2012 年（6）：4
[12] 李会鹏，沈本贤. 柴油低温流动性能的研究 [J]. 华东理工大学学报，2005，31（1）：43 - 47
[13] 王守城等. 车用柴油低温性能相关指标的应用探讨 [J]. 石油库与加油站，2012（4）：24 - 26
[14] 项晓敏. 船用轻质燃料油企业标准的建立 [J]. 炼油技术与工程，2014（7）：62 - 64
[15] 黄志龙. 加油站柴油氧化安定性影响因素的探讨 [J]. 石油库与加油站，2012（12）：30 - 34
[16] 夏志国. 柴油氧化安定性超标的原因分析及对策 [J]. 辽宁化工，2014（11）：1421 - 1423
[17] 刘浩. 解读 GB 19147—2013 车用柴油（Ⅴ）与欧盟、世界燃油协会 2013 版标准的差距 [J]. 化学工程与装备，2014（9）：184 - 186
[18] 倪蓓. GB 19147—2013《车用柴油（Ⅳ）》国家标准解读 [J]. 中国标准导报，2013（4）：13 - 14
[19] 朱根权等. 元素硫与其他硫化物共存时铜片腐蚀性能的考察 [J]. 石油炼制与化工，1995，26（4）：57 - 60
[20] 韦淡平. 我国柴油的润滑性——一个潜在的重要问题 [J]. 石油炼制与化工，2001，32（1）：37 - 40
[21] 倪蓓. 解读 GB 19147—2009《车用柴油》国家标准 [J]. 石油商技，2010（1）：58 - 62
[22] GB 19147—2013《车用柴油（Ⅴ）》[S]. 国家标准委员会，2013.
[23] 杨兴锴等. 燃料生产技术 [M]. 北京：化学工业出版社，2010.
[24] 严文勋等. 柴油十六烷值改进剂研究新进展 [J]. 石油与天然气化工，2005，34（4）
[25] 杨蒸. 低硫柴油的润滑性研究进展 [J]. 河南石油，2005，19（2）
[26] 杨婧等. 柴油低温流动性和润滑性改进剂的研究进展 [J]. 科技信息，2008，31
[27] 熊云，吴全才，刘晓. 储运油料学 [M]. 北京：中国石化出版社，2014.
[28] 张以祥，曹湘洪，史济春. 燃料乙醇与车用乙醇汽油 [M]. 北京：中国石化出版社，2004.
[29] 马晓建，李洪亮，刘利平. 燃料乙醇生产与应用技术 [M]. 北京：化学工业出版社，2007.
[30] 欧风. 石油产品应用技术手册 [M]. 北京：中国石化出版社：1998.
[31] 尹超，王凤滨，董大陆. 柴油机燃用煤制柴油的性能和排放 [J]. 汽车工程，2016，36（2）